# 中－英合作
# 气候变化风险评估
## ——气候风险指标研究

# UK-China
# Cooperation on
## Climate Change Risk Assessment:
## Developing Indicators of Climate Risk

中国国家气候变化专家委员会 著
英 国 气 候 变 化 委 员 会

中国环境出版集团·北京

图书在版编目（CIP）数据

中-英合作气候变化风险评估:气候风险指标研究 ／中
国国家气候变化专家委员会，英国气候变化委员会著.
-- 北京 ：中国环境出版集团，2019.3
ISBN 978-7-5111-3920-7

Ⅰ．①中… Ⅱ．①中… ②英… Ⅲ．①气候变化－风
险评价－技术合作－中国、英国 Ⅳ．①P467

中国版本图书馆CIP数据核字(2019)第037829号

审图号：GS（2019）1229号

出 版 人　武德凯
责任编辑　丁莞歆　张秋辰
责任校对　任　丽
装帧设计　宋　瑞

出版发行　中国环境出版集团
　　　　　（100062　北京市东城区广渠门内大街16号）
　　　　　网　　　址：http://www.cesp.com.cn
　　　　　电子邮箱：bjgl@cesp.com.cn
　　　　　联系电话：010-67112765（编辑管理部）
　　　　　　　　　　010-67175507（第六分社）
　　　　　发行热线：010-67125803，010-67113405（传真）
　　　　　印装质量热线：010-67113404
印　　刷　北京建宏印刷有限公司
经　　销　各地新华书店
版　　次　2019年3月第1版
印　　次　2019年3月第1次印刷
开　　本　880×1230　1/16
印　　张　8.5
字　　数　210千字
定　　价　56.00元

# 编写组成员

本书内容由中国国家气候变化专家委员会和英国气候变化委员会召集的专家团队负责研究和撰写。

## 第 1 章  执行概要

中方专家

| | |
|---|---|
| 杜祥琬 | 中国国家气候变化专家委员会 |
| 刘燕华 | 中国国家气候变化专家委员会 |
| 袁佳双 | 中国气象局 |
| 陈　超 | 中国气象局 |
| 任　颖 | 中国气象局 |

英方专家

| | |
|---|---|
| Rob Bailey | 查塔姆研究所 |
| Richard King | 查塔姆研究所 |
| Adrian Gault | 英国气候变化委员会 |
| Andrew Russell | 英国气候变化委员会 |

## 第 2 章  未来全球温室气体排放路径及其风险

**主要作者**

中方专家

| | |
|---|---|
| 何建坤 | 中国国家气候变化专家委员会 |
| 滕　飞 | 清华大学 |

| 王天鹏 | 清华大学 |
| 侯　静 | 清华大学 |
| 王文涛 | 中国 21 世纪议程管理中心 |

—— 英方专家 ——

| Christophe McGlade | 国际能源署 |

# 第 3 章　气候变化带来的直接风险

**主要作者**

—— 中方专家 ——

| 巢清尘 | 中国气象局国家气候中心 |
| 徐　影 | 中国气象局国家气候中心 |
| 刘俊峰 | 中国科学院西北生态环境资源研究院 |
| 姜　彤 | 中国气象局国家气候中心 |
| 周广胜 | 中国气象科学研究院 |
| 刘克修 | 自然资源部国家海洋信息中心 |

—— 英方专家 ——

| Nigel Arnell | 雷丁大学 |

**参与作者**

—— 中方专家 ——

| 陈仁升 | 中国科学院西北生态环境资源研究院 |
| 吕晓敏 | 中国气象科学研究院 |
| 魏　超 | 中国气象局国家气候中心 |
| 王文涛 | 中国 21 世纪议程管理中心 |
| 李　欢 | 自然资源部国家海洋信息中心 |
| 董军兴 | 自然资源部国家海洋信息中心 |

—— 英方专家 ——

| Sally Brown | 南安普顿大学 |
| Andrew Challinor | 利兹大学 |
| Ed Hawkins | 雷丁大学国家大气科学中心 |
| Ann Kristin Koehler | 利兹大学 |
| Robert Nicholls | 南安普顿大学 |
| Rowan Sutton | 雷丁大学国家大气科学中心 |

# 第4章 气候变化背景下的系统性风险

**主要作者**

中方专家

| | |
|---|---|
| 周大地 | 中国国家气候变化专家委员会 |
| 潘家华 | 中国国家气候变化专家委员会 |
| 齐 晔 | 清华大学 |
| 刘起勇 | 中国疾病预防控制中心传染病预防控制所 |
| 郑 艳 | 中国社会科学院城市发展与环境研究所 |

英方专家

| | |
|---|---|
| Rob Bailey | 查塔姆研究所 |
| Richard King | 查塔姆研究所 |
| Elizabeth Robinson | 雷丁大学 |

**参与作者**

中方专家

| | |
|---|---|
| 刘小波 | 中国疾病预防控制中心传染病预防控制所 |
| 李惠民 | 北京建筑大学 |
| 王雪纯 | 清华大学 |

英方专家

| | |
|---|---|
| Mark Hirons | 牛津大学 |
| Scott Somerville | 加州大学戴维斯分校 |

# 第5章 结论和建议

中方专家

| | |
|---|---|
| 杜祥琬 | 中国国家气候变化专家委员会 |
| 刘燕华 | 中国国家气候变化专家委员会 |
| 袁佳双 | 中国气象局 |
| 陈 超 | 中国气象局 |
| 任 颖 | 中国气象局 |

英方专家

| | |
|---|---|
| Rob Bailey | 查塔姆研究所 |

**项目会议与会者以及为本书做出贡献的人员**

中方专家

张永香          中国气象局国家气候中心

英方专家

Ian Allison        莫特麦克唐纳公司

Nico Aspinall       英国 B&CE 公司

Tim Benton        查塔姆研究所

Adrian Gault       英国气候变化委员会

Andrew Russell      英国气候变化委员会

Carlos Sánchez      韦莱韬悦公司

Simon Sharpe       英国商业、能源和工业战略部

**参与项目早期阶段的人员**

英方专家

Mathew Bell       曾就任于英国气候变化委员会

Manuela Di Mauro    曾就任于英国气候变化委员会

Dan Dornor        曾就任于国际能源署

**项目经理**

中方专家

袁佳双          中国国家气候变化专家委员会办公室，中国气象局

英方专家

Qi Zheng         查塔姆研究所，英国气候变化委员会

**鸣　谢**

英国外交和联邦事务部通过英国政府中国繁荣基金项目对"中 - 英气候变化风险评估研究双边合作"项目的资助。

以下组织为项目工作提供的支持与资助：查塔姆研究所、中国国家气候变化专家委员会、英国气候变化委员会、国际能源署、韦莱韬悦公司。

中国国家气候变化专家委员会和英国气候变化委员会的成员对本书内容的审查。

# 前　言

2015 年，在 David King 爵士的牵头下，来自英国、中国、印度和美国的专家共同合作完成并发布了《气候变化：风险评估》报告。该报告评估了气候变化风险，并根据在某些重要利益受到威胁的领域所坚持的原则和有效做法提出了气候变化风险评估的新模式。其中一项建议就是持续监测气候变化风险，以便在不确定的领域对专家判断的各种变化或趋势有逐渐清晰的了解，从而更好地为降低和管理风险的决策提供依据——这正是本书的科学依据和研究动力。

2015 年 7 月，中国国家气候变化专家委员会代表团访问伦敦，与英方一同讨论了制定中 - 英联合风险监测框架的必要性和可能性。随后，英国气候变化委员会与中国国家气候变化专家委员会共同签署了为期两年的《气候变化风险评估研究双边合作协议》（以下简称《合作协议》）。该协议主要侧重于三个方面：①未来全球温室气体排放路径；②全球温室气体排放给气候系统带来的直接风险；③气候变化与复杂人类系统相互作用所产生的系统性风险。

本书正是《合作协议》的产物，书中的分析主要遵循 2015 年《合作协议》的大纲，并确定了可用于监测上述三类气候风险的指标。书中还特别关注了高排放情景和社会 - 经济结构调整过程中潜在的系统性失败风险。其中，对"最坏情景"的分析与公共卫生、民事突发事件和国家安全等领域风险评估的有效做法相一致。通过检查极端风险，利益相关方可以为低概率 - 高影响的情景制订合理方案，还能够让决策者适当考虑规避这些风险所应做的努力。本书旨在进行更深入的评估，为支持气候变化决策者的行动和完善公众信息基础提供更坚实的科学依据。

然而，本书并非《合作协议》的唯一产物：编写本书的国际和跨学科研究团队还提出了一些其他的想法、认识和工作方式。因而，《合作协议》的诞生具有非常重要的价值，并且无疑将影响所有参与人员未来的工作。

在《合作协议》签署的同时，第 21 届联合国气候变化大会（COP21）正在就《巴黎协定》进行谈判。由于许多国家的共同努力，《巴黎协定》成为一项具有里程碑意义的成就：它不是目的，而是一个新的开始；它为全球应对气候变化的行动开辟了一个更加积极和实际的新阶段，以国家承诺为基础促进减排，并随着时间的推移逐步强化；它认识到需要选择绿色和低碳的发展道路，并尽量避免难以承受的气候风险。本书强调了如果不实现《巴黎协定》的目标将可能面临的气候风险。

然而，签署《巴黎协定》并不能保证其目标得以实现。事实上，特朗普总统宣布美国退出《巴黎协定》，这无疑会产生消极的影响。此外，近年来全球温室气体排放也仍在持续上升。但是，我们不能忘记，未来仍然掌握在我们自己手中，我们仍有时间采取措施避免气候变化的最严重影响，并为不可避免的变化做好准备。因此，这些负面情况要求协议签署方要更加坚定信心，并强调了在国家层面（包括美国）采取行动的重要性以及国际科学界的一贯重要性：对气候变化风险进行更加一致和具可比性的评估，并为应对各种尺度的气候变化所开展的行动提供积极的支持和更坚实的证据基础。

本书显示了对气候变化风险开展监测和评估是可行的，并且具有重要价值。因此，我们建议酌情使用风险指标，将一致和具可比性的气候变化风险评估原则深入地融入气候变化减缓和适应及政策制定的过程中。即将到来的气候变化领域的国际议程——IPCC 第六次评估报告、2019 年联合国秘书长气候峰会、2023 年联合国气候变化框架公约（UNFCCC）全球盘点——将为我们提供重新评估全球气候变化风险的理想时机。

杜祥琬

Du XiangWan

中国国家气候变化专家委员会　名誉主任

英国气候变化委员会　主任

# 目　录

第 1 章

执行概要

# 1.1 引 言

气候变暖毋庸置疑,而且显然,人为温室气体排放是首要驱动因素(IPCC 第五次评估报告第一工作组报告)。气候变化会给社会所依赖的自然系统、社会系统和经济系统带来风险。热浪、干旱、强降水和洪水等极端天气事件会造成人道主义灾难、破坏市场稳定、损害重要的基础设施并危害粮食生产。虽然性质不同,但海平面及平均温度逐渐变化的缓发风险也同样重要,并且会给低地小岛屿等弱势群体的生存造成威胁。随着全球温度的持续上升,气候系统中超过临界点的风险也会上升,从而会引发极难预见和适应的破坏性突变(专栏 1-1)。

了解这些风险的性质和严重程度对目前紧迫的减缓和适应工作至关重要。决策者需要了解有关气候变化带来的各种风险信息,包括所有概率范围,同时还应认识到如果产生严重影响,则即使是低概率结果也可能仍然对应着高风险——而且曾经的低概率在未来还可能会变成高概率。

本书的牵头机构是中国国家气候变化专家委员会和英国气候变化委员会,包括两国的研究机构以及国际能源署(IEA)。书中的内容依托于 2015 年多方合作完成的《气候变化:风险评估》报告,尤其是响应其中关于需要定期统一进行风险评估的建议,以便在不确定的领域对专家判断的各种变化或趋势有逐渐清晰的了解,并且可以通过确定和使用一套一致的标准或指标来促进这项工作的开展。正如《气候变化:风险评估》中所指出的:使用报告中这些指标明显有助于决策者在面对专家的各种不同意见时做出自己的判断。此外,2015 年这份报告中还提出了 3 类要评估的风险:①未来全球温室气体排放路径及其风险;②全球温室气体排放给气候系统带来的直接风险;③气候变化与复杂人类系统相互作用所产生的系统性风险。

本书旨在为上述三类风险制定成套指标提供概念验证,其中所述的方法和结果为决策者建立气候风险的动态监测和评估框架提供了参考,并使其能够判明趋势变化及预期,以便持续为减缓和适应战略提供信息。

## 专栏 1-1: 气候风险和临界点

　　气候系统一旦突破某些阈值或临界点，就会突然发生快速变化，如大西洋经向翻转环流（AMOC）显著减缓或崩溃、冰盖崩塌、北极多年冻土融化以及相关的碳释放、海底甲烷水合物释放、季风和厄尔尼诺南方涛动天气形势的瓦解以及热带森林顶梢枯死。关于温度上升到何种程度及何时会突破这些阈值尚存在相当大的不确定性。有人认为，随着温度的上升，达到临界点的概率也在加大，这意味着高排放路径有更重大的风险。

　　如果孤立地看待每个临界点，在 21 世纪触发大部分临界要素的可能性看起来很小，然而其潜在影响却很大。例如，AMOC 崩溃会改变欧洲、中美洲、南美洲、印度以及撒哈拉以南非洲的气候，并给粮食生产带来深远影响，其中包括欧洲的作物产量下降 30%、印度的水稻产量下降 10%、萨赫勒大部分地区的农业崩溃。若 AMOC 可能在 10 年之内发生崩溃，那将会对全球粮食系统造成史无前例的极端破坏。

　　但如果综合考虑这些临界点，即使是采取低排放路径也会有触发临界要素的重大风险。最新研究指出，在升温 2℃ 左右时，触发某些临界要素的风险会加大，而且由于气候变化加速以及临界要素之间的反馈还会引发"临界连锁效应"，从而触发一系列的临界要素。

　　临界点尚未列入本书的概念验证中，但建议将其纳入未来的气候风险框架中，如通过制定和监测早期预警指标实现。鉴于对达到这些临界点的概率存在高度不确定性，因此对科学家做出的这些最佳概率估算进行一致监测对于决策者有很高的参考价值。

# 1.2 国际背景

对于气候变化将给人类带来共同威胁这一认知，各国政府在 2015 年巴黎举行的第 21 届联合国气候变化大会（COP21）上达成了空前一致的共识。《巴黎协定》设定的共同目标是将全球平均升温限制在"远低于"2℃，"努力"将升幅限制在 1.5℃。实现这一目标要通过更大决心的国家承诺——国家自主贡献（NDC）来降低温室气体排放，从而在 21 世纪下半叶达到排放源与汇之间的平衡。

COP21 之后的 3 年，国际社会处于关键时刻。鉴于各缔约方即将就 2020 年重新提交各自的 NDC 开展促进性对话，因此各国政府面临着共同努力的首个机遇。但美国作为世界最大的经济体和第二大温室气体排放国，却宣布退出《巴黎协定》，虽然其他政府重申了对《巴黎协定》的承诺，但它们仍然面临着艰巨的任务。在目前的政策下，到 2030 年，与 2℃ 最低成本路径相比，年排放量差距将达到 14 ～ 17.5 Gt 二氧化碳当量（1 Gt = $10^9$ t）。若能实施符合各国 NDC（包括美国 NDC）的新政策可将差距缩小至 11 ～ 13.5 Gt 二氧化碳当量（UNEP 排放差距报告，2017），但仍显著超过目前美国和欧盟的年度排放量总和。最重要的是，目前的 NDC 承诺意味着在承诺期内的全球排放量将持续上升，而要实现 2℃ 的《巴黎协定》目标则需要尽快开始减排。

这给即将进行促进性对话的各政府提出了一系列重大问题：如何使实体经济发展脱碳？各国当前的政策与承诺之间的最大差距是什么？实现《巴黎协定》目标的真正需求是什么？全球在高排放路径上的机遇何在？如果要降低高排放路径的风险，需要给予实体经济的哪些行业或下属部门最为迫切的政策关注？我们在高排放路径以及符合《巴黎协定》目标的路径中面临哪些风险？

本书给出了与上述问题直接相关的三个重要结论。

第一，全球二氧化碳减排的努力存在偏离 2℃ 路径轨道的风险：降低全球排放的努力不及预期，存在较高风险，且高排放路径的概率很大。目前取得的进展不足以到 2100 年将升温限制在 2℃，但实现"远低于 2℃"的《巴黎协定》目标仍有可能，这就需要在决策方面实现"跃变"：目前能源行业脱碳进展的所有指标几乎都不符合 2℃ 路径的要求。如果政策决心、技术部署和投资水平按照以往观察到的速度推进，则可能会导致到 21 世纪末升温 2.7℃（中心估值），可能发生的"最坏情况"为 3.5℃（10% 概率）。即使将升温限制在这些水平上，决策者仍要加大力度，使减排量高于现有的计划，但这与《巴黎协定》的承诺相去甚远。如果决策有任何倒退或停滞，则会导致更高的升温，可能发生的"最坏情况"是到 21 世纪末升温 7℃。

第二，在高排放路径上，气候变化会给社会系统、经济系统和环境系统带来极高的风险。热浪、干旱和洪水的发生率及严重程度会显著上升，对人口产生重大的直接影响，并给粮食市场、城市安全、金融市场、基础设施以及人类健康等复杂的人类系统带来重大的破坏性风险。此外，在高排放路径上超过关键临界点将会引发重大风险，其中一些还会引发系统风险并产生深远后果，且对社会造成极端严重的影响，如粮食危机和大规模迁移。

第三，在全球尺度上，即使是低排放路径也可能会增加直接风险和系统性风险。在符合 2℃ 的路径上，即代表性浓度路径（RCP2.6），所有的直接影响风险指标均会从当前水平逐步上升。即使各国政府成功实现"远低于 2℃"的《巴黎协定》目标，但仍存在必须加以管理的显著风险，如果当前的发展方式进一步暴露于风险的影响中（如通过关键基础设施的位置）或面对破坏变得更加脆弱，那么气候变化的影响将会日益威胁到复杂人类系统的稳定性。降低系统风险需要新型合作方法和治理措施，而不能简单地认为经济增长本身会使风险降低。

# 1.3 概念框架和方法学

本书针对《气候变化：风险评估》中所确定的三类风险（图 1-1）制定了指标：

● 排放风险——特别是高排放情景对全球的影响概率；

● 直接风险——涉及气候变化对农业、水资源、洪水和高温极端事件的影响；

● 系统性风险——直接气候影响可通过粮食市场或金融市场等复杂系统进行传播并触发连锁风险。

在直接风险和系统性风险方面，制定了全球和中国尺度的指标，用以证明该方法在不同层面的适用性。在全球层面，这三类风险有着前后关联：高排放路径的风险可增加气候影响的直接风险，而它又可触发更广泛的系统内的间接影响连锁效应。例如，在高排放情景下，极端天气造成严重歉收的（直接影响）风险预计会增加，从而进一步加大对全球粮食系统广泛破坏的（系统性）风险。

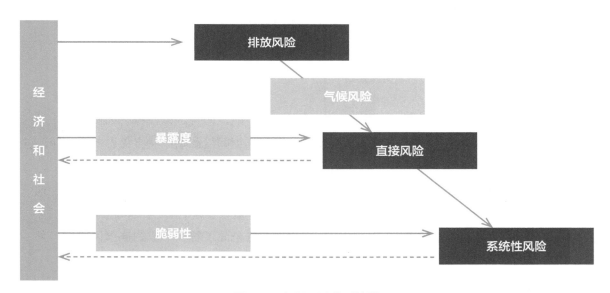

图 1-1　气候风险类别简图

### 1.3.1　排放风险

排放风险作为初步的概念验证，仅限于与能源相关的二氧化碳排放，约占全球温室气体排放量的 2/3，可以采用逐步细化的三级方法来跟踪能源行业排放风险。

第一，与全球能源相关的二氧化碳排放有 2 个关键驱动因素：单位国内生产总值（GDP）能源消耗以及单位能源消耗的二氧化碳排放。这些衡量结果提供给联合国政府间气候变化专门委员会（IPCC）第五次评估报告（AR5）用以表示基准（非减缓）、550 ppmv[①] 和 450 ppmv 大气浓度的各种情景。

第二，在相同情景下考虑 7 个能源行业的指标，阐明不同能源在一次能源生产、最终能源消耗和发电中所占的比例。

第三，选择一组 12 个指标来评估能源行业脱碳的当前全球进展，涵盖了主要排放源的指标，同时保持了政策相关性。

通过各指标的历史时间序列可以预估不同 IEA 能源情景下的发展趋势，并可以评估这些趋势未来偏离轨道的风险。而后可将各指标趋势加以综合来预估能源行业和工业过程的二氧化碳排放，它可与 IEA 能源情景以及 IPCC 代表性浓度路径（RCP8.5、RCP4.5 和 RCP2.6）的排放相比较。

### 1.3.2　直接风险

针对与极端热天气、水资源、河流洪水、沿海洪水和农业 5 个影响方面相关的 8 个直接风险子类别，制定了危害、暴露度和潜在影响 3 个指标，并在符合 2℃《巴黎协定》目标的低排放情景（RCP2.6）以及高排放情景（RCP8.5，2100 年中位温度升幅约 5℃）下对 2100 年进行了预测，大致上堪比可持续发展情景和用于评估能源行业脱碳进展的当前政策情景。通过这些指标的比对，可以量化高排放情景与低排放情景之间的风险差异。为了明确可能发生的"最坏情况"，我们采用了高排放情景下的影响上限估值（专栏 1-2）。

### 1.3.3　系统性风险

鉴于气候变化对复杂、互联系统的破坏几乎有各种可能，而且难以模拟，因此本书采用叙述方法将系统性破坏描述为气候影响最初引发的一系列连锁间接影响：从直接影响到一阶间接影响再到二阶间接影响等。书中还确定了对系统内传播至关重要的特定间接风险的传导点，并制定了各点的暴露度和脆弱性指标。例如，在考虑风险从一个市场传导到另一个市场时，通过确定一些间接风险指标来评估第二市场对不稳定性的暴露度及脆弱性。当然，由于这些间接风险指标比较简化，不能代表全部的总体情况，因而也无法全面了解所形成的连锁风险的多种可能，但总体而言还是可以反映出系统脆弱性的总体情况的（图 1-2）。

---

①ppmv：体积百万分率，$10^{-6}$ 体积分数。

针对全球粮食系统，在全球尺度论证了该方法，并根据最近系统的波动情况反向测试了指标的效用。在中国层面上，研究主要侧重于定量分析一阶间接风险，阐明引发冰川融化、城市不安全、气候相关贫困和迁移以及健康影响等突发及隐伏的气候风险对中国许多地区、人口和经济已经造成或者将会造成怎样的影响。例如，对健康影响的分析表明，气候变化和极端天气事件已造成并预计会继续造成病媒生境的扩大、媒传疾病的风险以及高温有关发病率和死亡率上升。这些因素可造成劳动生产率及经济增长的下滑、潜在的公共卫生危机、教育系统的中断、迁移以及边境不稳定等系统风险。

---

**专栏1-2：最坏情景**

风险本质上具有不确定性，并且可以用不同方式表示，如按照超过某个阈值或发生某个事件的可能性，或按照某些情景下可能影响的范围。对决策者而言，重要的概念是"最坏情况"，因为它代表了可能发生的最为严重的结果，因而适用于规划，如当决策者希望确保各项战略或投资不仅在预期条件下可行，而且还要在更多极端情况下仍具有韧性（或恢复力）时，他们可能需要通过对"最坏情况"的预估来决定采取哪些行动以降低这些极端状况发生的可能性。

本书采用了"最坏情况"，即根据潜在影响分布情况的上端估值确定可能的"最坏情况"结果来描述排放风险和直接影响风险。因此，在书中对与特定排放路径有关的升温所带来的排放风险进行预估时，会以中心估值或预期估值以及可能的"最坏情况"估值等术语来表示；同样，对于给定的排放路径，会对预期升温以及可能的"最坏情况"进行影响风险指标估算；例如，RCP8.5代表了若减缓政策停滞全球会转入的一种排放路径，在该情景下，到2100年时预期约升温5℃，而可能的"最坏情况"（10%概率）则为7℃。在这些情景（预期情况和"最坏情况"）中，海平面会分别上升80 cm和100 cm。

重要的是，应牢记气候变化的风险往往会逐渐加大。因此，在某个时间点上的可能"最坏情况"在日后某个时间点上可能变为"预期情况"甚至发展成为"高可能性情况"。例如，在高排放路径（RCP8.5）下，到22世纪升温7℃的概率会超过50%。即使持续全球升温2℃，我们仍会面临超过1 m的长期全球海平面上升风险，不过发生这种情况的时间尺度极不确定。因此，《气候变化：风险评估》报告建议，对气候变化风险的评估应首先确定某项关键的严重影响程度阈值，而后再考虑其可能性将如何逐渐变化，在本书第3章中就是采用这种方法制定了一些风险指标。

---

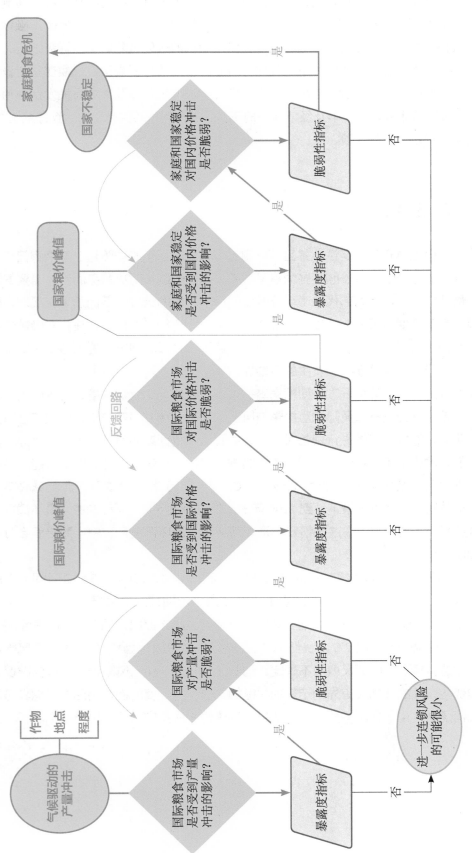

图1-2 国际粮食系统潜在连锁风险框架

# 1.4  关键研究结果

### 1.4.1  如不采取紧急行动加快减排，我们将面临无法实现《巴黎协定》目标的显著风险

各国对全球二氧化碳减排所做的努力目前存在偏离轨道的危险。尽管全球能源系统正在转型，但进展过于缓慢且过于失调，无法实现低排放路径。

（1）在 12 个行业指标中，仅有 1 个指标（利用成熟的可再生能源，如陆上风能和太阳能光伏发电）是在符合 2℃排放路径的轨道上。

（2）尤其偏离轨道且迫切需要政策关注的是碳捕集和封存、货运、先进的生物燃料、工业（能效提升和零碳燃料份额）以及建筑能耗的零碳燃料占比。

（3）没有各国政策决心的跃变，《巴黎协定》制定的到 21 世纪末将全球升温限制在远低于 2℃的目标将难以实现。政策决心、技术部署和投资水平等当前趋势均指向到 2100 年中位升温约 2.7℃（"最坏情况"为 3.5℃）。即使将升温限制在这些水平上（这意味着无法实现《巴黎协定》的目标），决策者仍要加大力度使减排量高于现有计划。

### 1.4.2  继续推行现行政策会使世界处于高排放路径，会导致 2100 年全球升温 5℃（中心估值），"最坏情况"为升温 7℃（10% 概率）

以目前升温速度来看，将会在全球范围内给人类和自然系统带来严重的直接风险，尤其是还可能发生如下的一些"最坏情况"：

（1）从全球尺度来看，到 2100 年，目前每年发生概率不足 5% 的热浪将几乎每年都会发生。

（2）洪水风险显著增加。到 2100 年，海平面升高 1 m 会导致遭受百年一遇洪水的沿海地区增加 50%；在全球尺度上，河水泛滥的发生率将增加 10 倍。

（3）农业干旱频率以近 10 倍的速度增长，令作物减产的高温会对农业产生深远影响，80% 的年份（目前约 5%）会出现威胁玉米生长的极端高温天气。

（4）在中国，到 21 世纪末，热浪的年平均数量可能会比目前增加近 3 倍。水稻生长有 80% 的年份（目前约 20%）可能会受到高温损害，这意味着中国的粮食生产损失大约为 20%。冰川退缩将近 70%，中国西部缺水地区的水荒会加剧。如果考虑干旱等极端事件的影响，西部地区处于缺水压力下的人口会比目前增加近 2 倍。到 2050 年，暴露于海岸洪水风险的最大人口和 GDP 分别会超过 1 亿人和 32 万多亿元人民币。

### 1.4.3 在全球范围内，即使在符合 2℃的排放路径上直接影响的风险也将显著增加

在全球尺度上，RCP2.6 所有指标的直接影响风险均将上升：

（1）全球河水泛滥频率将增加 2 倍，海岸洪水受灾面积增加 30%；

（2）热浪的频率增加，但仍不及高排放路径的频率，而极端湿热天气的概率高于目前，但远低于高排放路径的概率；

（3）影响玉米生产的温度极值大约会每 10 年发生 3 次。

在中国，RCP2.6 意味着到 21 世纪末：

（1）热浪的年平均数量可能会比目前增加 60%；

（2）冰川质量可能会减少 30%；

（3）暴露于干旱的农田面积可能会增加 40% 以上，水稻生产可能会有约 30% 的年份（目前为 20%）遭受高温损害。

### 1.4.4 日益频繁和严重的气候变化威胁着人类系统的稳定性，并可能以连锁风险的方式通过复杂的经济和社会系统传播，不仅难以预测和防备，而且会给民众带来严重后果

近期国际粮食市场的波动，如 2008 年全球粮食价格危机以及 2011 年小麦价格飙升，均表明全球粮食系统在应对极端天气时的脆弱性，也证明了气候风险是如何跨边界传播的，并有可能会使社会不稳定。涵盖国际、区域和国家尺度的其他"面临风险"的复杂系统包括金融、健康和关键基础设施。

（1）关键出口国家农业生产的直接风险不断上升会给粮食系统的稳定性带来严重负面影响，并带来更为显著广泛的安全风险，使那些存在粮食安全问题的国家受到不利影响。

（2）在中国，冰川融化对洪水和水资源短缺的影响可能会加剧西部地区以及邻国的贫困和迁移风险，而与之伴随的疾病传播会引发连锁风险进入教育系统和旅游业，并产生跨边界紧张局势。

防控复杂系统的间接气候风险尤为不易。减少排放将会降低风险，但肯定不能清除风险。同样，各国政府不应认为经济增长完全可以降低风险，某些情况下它或许有助于降低脆弱性（如较富裕人口不太易受粮食价格波动的影响），但在另外一些情况下（如人口和资产聚积在多风险区域，就像中国的三大城市群，以及飓风卡特里娜袭击美国墨西哥湾海岸时所见的）可能会增加暴露度。此外，间接系统性风险的跨界特征意味着单方面的响应是不够的，国家适应战略可能无法充分应对境外风险，且在有些情况下，如果以孤立或以邻为壑的方式寻求单方响应以降低风险的暴露度和脆弱性反而会增加系统性风险。

# 1.5 对决策者的建言

本书基于现代气候变化科学研究评估了 3 类气候风险并制定了指标：①未来全球温室气体排放的路径及其风险；②全球温室气体排放给气候系统带来的直接风险；③气候变化与复杂人类系统相互作用所产生的系统性风险。对于这些风险的研究发现将对政府、国际组织以及私营部门的决策者产生一系列重要的影响。

## 1.5.1 各国需要高度重视应对气候变化风险

作为非常规的安全风险，气候变化的直接和系统性影响应被纳入国家和全球安全风险评估。应对气候变化所带来的影响以及实施低碳发展应被视为经济和社会发展战略的重要部分，推行低碳经济需要有更大的决心和政治勇气。

## 1.5.2 若要实现低排放路径并避免高排放路径必须加快减排步伐

能源行业脱碳并未按所需的速度推进，而脱碳的决心必须要有阶跃式变化。沿袭现有的政策努力和技术发展不足以到 21 世纪末将温升限制在远低于 2℃。政策的任何停滞或倒退都有转向更符合 RCP8.5 的高排放路径（到 2100 年达到 5℃中位升温）的危险。促进性对话及全球盘点可以为防控全球排放风险的共同行动带来重要机遇。

## 1.5.3 在低排放和高排放两种情景下未来的风险不仅无法消除还有上升的可能

决策者应对未来所有排放情景下不断增加的直接风险和系统性风险做好准备。人群和财产对直接和间接影响的暴露度日益加大，有可能是直接风险及系统性风险的重要驱动因素。在全球尺度上，直接影响的频率及严重程度与日俱增，这将加大系统性破坏触发事件的风险。由于更广泛的全球供应链以及相关技术和系统等使复杂性日渐加大，有可能加剧系统性风险。

## 1.5.4 需要新的治理措施来防控系统性风险

克服系统性风险管理中固有的协调性及跨国性特殊挑战，需要在国际、区域和国家层面采取新的治理措施。由于许多系统性风险都会引起国家和国际安全方面的关注，因此应将这些关注及当前的安全部门组织纳入未来的治理范畴。鉴于建立新机构以及发展现有机构需要很长时间，各国政府应立即着手充分了解由气候问题引发的不同系统性风险的性质（如针对金融市场、全球粮食系统、卫生系统、重要的基础设施系统等）、开发风险管理框架并研究关于共同风险监测的有关资料。

### 1.5.5 存在着超过临界点的重大风险

21 世纪，超过气候系统临界点的概率会随着温度的上升而增加，在高排放路径上超过关键阈值的风险尤为显著，特别是到 21 世纪末，可能出现的"最坏"升温达 7℃。最新研究表明，在较低排放路径上也存在着超临界点的重大风险。较低升温水平（可能在 2℃左右）就可能会达到某些阈值，并引发一连串的临界要素，从而加快气候变化并产生灾难性的直接和间接影响。例如，格陵兰冰盖加速融化可能导致海平面的快速上升并减缓大西洋翻转环流，给天气形势带来深远影响，而且还会促使南极海冰融化。这些变化的后果（包括亚马孙雨林顶梢枯死）意味着将导致更高的大气碳水平以及农业产量的灾难性下跌。

### 1.5.6 决策者应立足未来气候风险的长远情景

令人担忧的直接风险和系统性风险将会影响长期决策和长期投资。例如，目前建成的基础设施是否到 21 世纪末风险更为严重时仍可运行，再造林或造林的长期碳封存效果将取决于相关地区未来的气候变化。因此，重要的是决策者要考虑下个世纪各类气候变化风险，包括高排放路径的概率以及相关的直接和系统性风险可能带来的"最坏结果"，从而确保其决策最终能够抵御气候变化风险。

### 1.5.7 将气候风险和韧性的分析纳入决策可带来更广泛的经济效益

在同等条件下，如果基础设施有韧性且风险管理有力度，这类经济体就可能会享有更低的资金成本并吸引更高的投资；对韧性投资给予的主要财政激励措施也可以在受到冲击之后起到保护民众、避免增加成本和保护现金流的作用。若在投资时只注重眼前利益则会导致对具韧性的基础设施的低效资本分配，从而使此类投资的实际需求受阻。例如，政府不希望投入额外的前期资本成本和政治机会成本；投资者缺乏指导其资本分配的相关基准和工具；多边开发银行力图评估和报告其业务的韧性。因此，重要的是，投资评价方法能够更好地对有形气候风险定价，以使净现值能够反映出韧性的提升；设计资本市场工具，通过整合保险风险引导资本投向具有韧性的基础设施项目；对信用评级方法做出调整以促进其对韧性的评估并为韧性项目提供更高的资本成本。

### 1.5.8 加快目前的减缓努力来改善未来气候韧性的前景

虽然无法消除未来的风险，但加快和提升目前减缓行动的决心可以为尽量减少气候灾害以及避免触及气候适应极限带来最佳前景。推迟采取行动将限制未来的发展，而目前更具魄力的经济、社会、技术和政治转型会使未来应对气候风险的韧性前景最大化。

# 1.6 对风险评估和监测的建言

本书的关键结论是建立气候风险的定期统一评估和监测框架是可行的。

2015 年的《气候变化：风险评估》报告论证了如何使用与气候变化相关的风险评估一般原则，这些原则包括评估与目标有关的风险、确定最大风险、考虑各种可能性、利用最有效的信息、具备大局观、具有明确的价值判断。

在本书中，我们根据一系列指标证明了关于排放风险、直接风险和系统性风险的定期统一评估及监测框架的概念验证。书中提出的方法尚需进一步细化和改进，但其易于掌握并可作为决策依据，同时还可以根据政府或某些机构定期汇编或发布的数据进行更新。

## 1.6.1 排放风险指标

排放风险指标可利用 IEA 数据库的信息统一更新。定期更新这些指标（如每年）可以显示出清洁技术的部署率是在朝着符合"远低于 2℃"目标所需的趋势靠近，还是与之进一步背离。

从长期来看，符合 2℃ 的情景中假定的各项技术其本身是可能发生变化的，这同样将影响指标。因而，在假定情景中的任何变化都应受到重视，并需要对其变化趋势进行动态监测，因为这将为决策者提供针对不同清洁能源技术的重要专家评判信息。

## 1.6.2 直接风险指标

直接风险指标的更新可以反映关于气候敏感性以及一般气候变量（如温度或海平面上升）与具体影响和极端事件概率之间关系的科学知识及专家评判方面的重大变化。此类重大变化不会经常出现，但经过较长一段时期，这些指标的趋势将为决策者提供有效信息，以此来判断科学界是否低估或高估了风险。在每种情况下，对指标所有的变化原因进行分析十分重要，以区别现实世界的变化影响和模拟假设的变化影响。

此外，直接风险指标的更新还可以反映人口暴露度和脆弱性的变化。这些趋势将逐渐表明这些适应性挑战是在增加还是在减少，从而为优先发展重点和投资决策提供依据。

## 1.6.3 系统性风险指标

系统性风险指标可利用相关来源的公开数据加以更新。例如，世界粮农组织（FAO）和农产品市场信息系统（AMIS）的官方统计资料已用于制定全球粮食系统风险指标。无论何时都可以将当前指标与历史平均值或过去的极值加以比较，以得出重要系统的稳定性或脆弱性信息。这些指标的趋势使我们能够深入了解该系统是否正趋于更加稳定（或更具韧性）或趋于不稳定和 / 或脆弱；同时，有助于决策者评判是否需要通过系统改革或采取其他措施来管理风险及避免系统失灵。

鉴于迫切需要加快减排步伐，以及迫切需要建立更强的气候变化韧性，我们建议负责评估所有气候变化风险的组织应考虑如何定期统一更新其评估报告，使之具有跨时间的可比性，并使决策者从中得到助益。

尤其是书中提到的一些具有专业知识和职责的机构，它们完全有能力将以上风险指标概念验证发展成为全面风险监测框架：

（1）IEA，负责能源排放风险相关数据；

（2）IPCC，负责直接影响风险相关数据和专家评判；

（3）FAO 和 AMIS，负责粮食系统风险指标相关数据（FAO，负责农业和土地利用排放风险相关数据）；

（4）BIS（国际清算银行），负责金融系统风险相关数据；

（5）WHO（世界卫生组织），负责卫生系统风险相关数据；

（6）WB（世界银行）及其他多边开发银行，负责重要基础设施风险相关数据。

鉴于各国政府可以从气候变化的风险以及相关风险指标趋势的研究中受益，因而对于一个国际机构而言，重要的是率先将不同来源（如上述机构）的指标汇编成单一集合。例如，鉴于联合国秘书长办公室在联合国系统中的顶级地位以及与联合国大会及安全理事会的关系，可以将其作为监督这一汇编进程的候选部门。

同时，还可以利用这些风险指标为其他相关进程提供依据，如更新国家风险登记册，对全球减排目标进展进行定期国际盘点，每 5 年在《联合国气候变化框架公约》（UNFCCC）提交更具魄力的 NDC。

## 参考文献

[1] IPCC. 气候变化 2013：自然科学基础 [R]. http://www.ipcc.ch/report/ar5/wg1/.

[2] KING D, et al. Climate Change: A Risk Assessment, 2015[R]. http://www.csap.cam.ac.uk/media/uploads/files/1/climate-change--a-risk-assessment-v9-spreads.pdf.

[3] The Global Food Security Programme, UK (2017) Environmental tipping points and food system dynamics: Main Report[R]. https://www.foodsecurity.ac.uk/publications/environmental-tipping-points-food-system-dynamics-main-report.pdf.

[4] STEFFEN W, et al. Trajectories of the Earth System in the Anthropocene[J]. PNAS, 2018, 115(33): 8252-8259 http://www.pnas.org/content/115/33/8252.

[5] UNEP. Emissions Gap Report 2017[R]. https://www.unenvironment.org/resources/emissions-gap-report-2017.

[6] NICHOLLS R, et al. Stabilization of global temperature at 1.5℃ and 2.0℃: implications for coastal areas[J]. Phil Trans A, 2018, 376(2119): 20160448.

第 2 章

# 未来全球温室气体排放路径及其风险

# 2.1 背景与引言

自前工业化时期以来，人为温室气体（GHG）的排放量急剧上升，其中以 20 世纪下半叶以来的增长尤为迅速。这导致大气中二氧化碳（$CO_2$）、甲烷（$CH_4$）和氧化亚氮（$N_2O$）的浓度显著高于过去至少 80 万年中的任何时期（IPCC，2013 年）。最新的科学研究表明，人类活动极有可能是导致 20 世纪下半叶观测到的全球平均地表温度上升的主要原因。

众多证据表明，累积 $CO_2$ 排放量与全球温度变化之间存在显著关系（IPCC AR5）。这种关系是剩余的全球"$CO_2$ 预算"（给定温升目标下允许在未来排放的 $CO_2$ 累积量）这一概念的基础。不同的碳预算对应实现温升目标的不同估计概率。将 2100 年全球平均地表温升控制在相对于前工业化时期（1861—1880 年）的 2℃ 以内（概率大于 66%），要求自 1870 年以来所有人为来源的累积 $CO_2$ 排放量保持在 2 550 ～ 3 150 Gt 的范围内（IPCC，2013 年；IPCC，2014 年）。1870—2015 年，全球碳排放约有 2 000 Gt $CO_2$，这意味着自 2015 年开始的剩余 $CO_2$ 预算（有 66% 的概率将地表温升控制在 2℃）将介于 550 ～ 1 150 Gt。

未来的全球温室气体排放路径将主要取决于全球人口、经济增速、生活方式的选择以及能源技术和能源政策的演变等因素。此外，另一个关键因素是气候政策，只有通过加强全球气候政策目标，才能将全球温室气体排放量降低到控制全球平均地表温升所需的水平。

本章旨在为决策者概述温室气体减排方面所取得的进展。首先，我们将研究驱动未来温室气体排放的主要因素，并依此概述能源消费方面的最新进展以及能源部门为实现温室气体减排所需进行的变革。其次，我们将研究更多更具体的指标，以便深入分析不同部门内部的趋势；然后使用这些具体指标来开发合理可行的未来排放路径。最后，我们将评估不同的全球未来排放路径对实现不同温升目标概率的影响。

本章通过选择适当的指标来比较观测到的历史排放、能源消费和技术部署趋势（包括近期市场发展）与各种未来排放情景下这些指标的变化趋势，我们将首先侧重于研究能源部门，因为它与当前约 2/3 的温室气体排放相关。第一部分的工作（研究主要驱动因素）依赖于来自大型情景数据集的能源和排放趋势，该数据集由 IPCC AR5 第三工作组（WG Ⅲ）开发。第二部分的工作（分析能源部门及各分部门要素的发展水平）使用了 IEA《世界能源展望》（WEO）中提供的较详细的情景（IEA，2017 年）。将全球多模型情景数据库与对 IEA 情景的深入分析相结合，可帮助我们对所选指标进行全面的风险评估。

本章 2.2 节介绍了风险评估方法；2.3 节使用 IPCC AR5 情景概述未来全球 $CO_2$ 排放预测以及这些预测的关键社会经济和技术驱动因素；2.4 节使用这些情景来研究能源部门的能源消费和排放预测；2.5 节深入探讨能源部门及分部门要素的发展，以全面了解能源部门的整体趋势，从而建立对全球能源部门 $CO_2$ 排放的未来预测；2.6 节研究不同排放路径对全球温升概率的影响；2.7 节总结全章。

# 2.2 能源部门排放风险评估方法

目前有大量的指标可用于帮助理解未来可能的全球排放路径。这些指标通常涉及不同的排放原因或排放源，提供不同程度的细节信息，同时涵盖广泛的潜在排放时间范围。因此，在选择最相关的指标之前，首先需要确定一个总体概念框架并分析应考虑的所有问题。

目前也有许多排放指标分类。这些分类通常是为了帮助各国更好地了解减排机会（及相关收益），并有针对性地助推各国经济的脱碳进程。虽然我们的侧重点不同（全面或综合地了解全球排放的未来趋势），但这些概念性结构仍然有用。

理解全球温室气体排放驱动因素的一种方法是卡雅恒等式（Kaya，1990）。它将温室气体排放总量的变化分解为以下几个子集：

$$排放 = 人口 \times \frac{GDP}{人口} \times \frac{能源}{GDP} \times \frac{排放}{能源}$$

能源的消费和生产占当前人为温室气体排放总量的 2/3 左右，各国能源部门的转型是许多国家自主贡献（NDC，作为《巴黎协定》的一部分）的核心内容。因此，我们首先侧重于了解能源部门当前和未来的全球排放水平。尽管对于许多国家而言，通过收集全国性的代表数据来了解能源部门的排放水平并非易事。正如 IEA（IEA，2014；IEA，2016）此前所强调的那样，在国家层面制定指标将是一个有用的延伸。由于 $CO_2$ 是最大的温室气体排放源，大多数指标所关注的也是 $CO_2$ 排放。

在制定指标的第一阶段，我们先筛选了一些指标。对于每个选定的指标，首先根据 IPCC AR5 WG III 情景数据库中包含的情景分析了总体排放和能源趋势。其次，对这些指标在不同情景组合下如何随时间演变进行了比较。IPCC AR5 数据库中的情景涵盖了未来的各种可能：其中有一些非常关注低碳转型；另一些则侧重于实现国家自主贡献（《巴黎协定》的一部分）下做出的承诺，但无法实现《巴黎协定》下的长期温升目标；还有一些反映了各国脱碳目标将出现逆转，导致未来几年的排放量显著增加。为此，我们根据长期温升结果对这些情景进行了分组，生成了各选定指标的分布情况。每个指标的分布可视为特定指标为实现长期温升结果而必须控制在其中的不确定范围。

IPCC AR5 情景数据库由第三工作组开发，包含了 31 个不同能源经济或综合评估模型生成的 1 184 个情景。我们将这些情景分为 3 组：①导致 2100 年平均温升超过 3℃的非减缓情景；②导致 2100 年大气含量约为 550 ppmv 的情景（导致 2100 年平均温升在 2.2 ~ 2.6℃）；③导

UK-China
Cooperation on
中 - 英合作气候变化风险评估
——气候风险指标研究
Climate Change Risk Assessment:
Developing Indicators of Climate Risk

致 2100 年大气含量约为 450 ppmv 的情景（导致 2100 年平均温升低于 2℃）。情景数据库中提供的变量包括能源相关变量，如部门终端能源消费；排放相关变量，如 $CO_2$ 排放量；经济和社会变量，如人口和国内生产总值（GDP）。

图 2-1 显示了这 3 组情景中化石燃料消费产生的 $CO_2$ 排放。在基准（BAU，非减缓）情景中，全球 $CO_2$ 排放量显著高于当前水平，2100 年排放量在 50 ~ 100 Gt。在 550 ppmv 情景中，全球 $CO_2$ 排放量在 2030 年左右达到峰值，到 2100 年，第 15 百分位至第 85 百分位的年排放量在 0 ~ 10 Gt。在 450 ppmv 情景中，全球 $CO_2$ 排放量在 2020 年左右达峰（尽管有些情景直到 2030 年才达峰），在大多数情景下，2100 年的排放量接近零或为净负值。

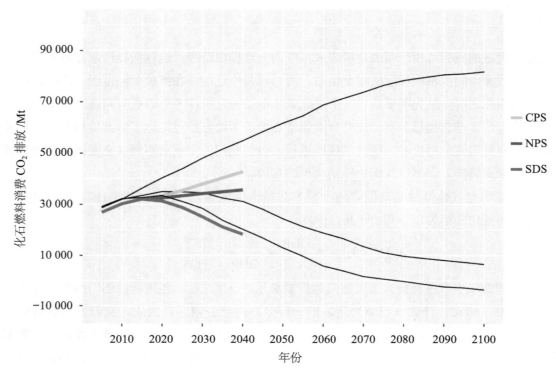

图 2-1 IPCC AR5 情景数据库中的基准、550 ppmv 和 450 ppmv 情景排放

注：每个条形图的上限和下限代表情景中第 15 百分位和第 85 百分位的排放，黑线代表排放中位数。

第二阶段，我们制定了更全面的指标仪表板，以便更细致地考察能源部门的发展情况，并提供更广泛的排放趋势风险评估；同时，还对这些指标（旨在涵盖整个能源部门的主要排放源）的历史趋势和最新发展进行了分析，尤其是将这些趋势与 IEA WEO 情景中的预测轨迹进行了比较。这项工作依赖于最新发布的 IEA《世界能源展望》（WEO-2017）中的 3 个预设情景，它们具有以下特征：

（1）现行政策情景（CPS）描述了在现有政策措施的基础上，不实施任何新政策或措施的全球能源系统发展路径。在此情景下，与能源相关的年 $CO_2$ 排放量将从当前的 32 Gt 增加到 2040 年的 42 Gt 左右。

（2）新政策情景（NPS）反映了各国政府目前所预见的本国能源部门在未来几十年的发展方式。它包含了能源部门已出台的政策和措施，以及已宣布的政策目的、目标和意图——即使这些政策尚未颁布或其实施方式仍在尝试中。在此情景下，2040 年全球能源部门 $CO_2$ 排放量将增长到略低于 36 Gt。

（3）可持续发展情景（SDS）包含 3 个关键要素，它描述了到 2030 年实现普遍获得现代能源服务的路径。该情景下的与能源相关的污染物将大幅度减少，其描绘的到 2040 年的图景与实现《巴黎协定》目标所需的方向一致（最明显的是尽快达到排放峰值，之后快速减排）。

将历史趋势与这 3 种情景中的预测趋势进行比较，可得到"交通灯"仪表板，以突出显示特定指标是否在高（红色）、中（琥珀色）或低（绿色）排放路径上。然后，使用选定的指标为能源部门未来的 $CO_2$ 排放制定合理的路径。为此，我们首先评估选定指标对总体减排的重要性，然后使用"交通灯"仪表板来估算该指标的预测路径。通过考虑世界各地近期的投资决策、政策、监管、商业目标和战略以及研究、开发和部署方面的进展，基于历史时间序列数据对未来进行外推，预测路径假定为线性或多项式形式。虽然未来趋势的假定函数形式多少有些主观，但它们的目的是尽可能广泛地获得信息。同时，这些要素还将表明用于外推的历史时间序列长度，以确保是排除任何趋势中断之前的数据。

通过评估每个指标迄今取得的进展并权衡每个指标对能源部门总体排放趋势的重要性，我们从部门或分部门层面为能源部门建立了合理的排放趋势。

# 2.3 全球与能源相关的 $CO_2$ 排放关键驱动因素

第一个能源部门指标是整个能源部门的 $CO_2$ 排放总量（图 2-2）。自 1990 年以来，$CO_2$ 排放量平均每年增加约 6.5 亿 t。近年来这一增速略有放缓：2014—2016 年，$CO_2$ 排放量基本持平，但 2017 年再次出现增长。全球与能源相关的 $CO_2$ 排放显然是最重要的风险指标，因为它反映了基础指标动态变化的综合影响。

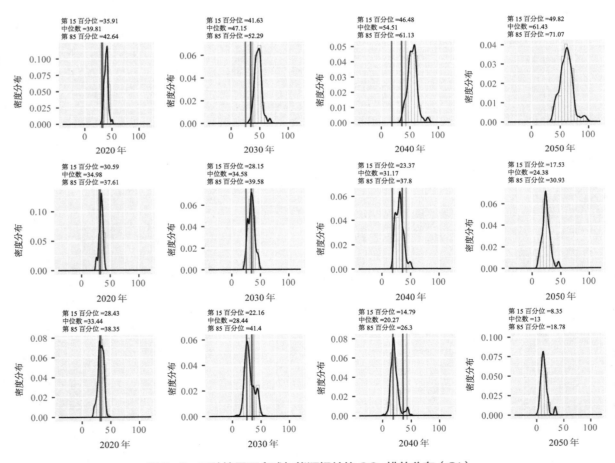

图 2-2 三种情景下全球与能源相关的 $CO_2$ 排放分布（Gt）

在 IPCC AR5 非减缓情景中，全球 $CO_2$ 排放量从 2016 年的 35 Gt 逐渐增加到 2020 年的约 40 Gt（在 36 ~ 42.5 Gt 的范围内）、2030 年的 47 Gt（在 41.5 ~ 52 Gt 的范围内）和 2050 年

的 61.5 Gt（在 50～71 Gt 的范围内）。这相当于 2020—2050 年 3 个 10 年的平均年增长率分别为 1.7%、1.5% 和 1.2%。2050 年的排放水平比 2016 年高出约 70%。

在 550 ppmv 情景中，全球 $CO_2$ 排放量在 2030 年左右达到 35 Gt 左右的峰值水平，然后在 2040 年逐渐降至 31 Gt（在 23.5～38 Gt 的范围内），到 2050 年降至 23 Gt（在 17.5～31 Gt 的范围内）。2030—2040 年的排放水平以年均 1% 左右的速度下降，2040—2050 年的年均下降率为 2.4%；到 2050 年，排放量比 2016 年水平降低约 1/3。

在 450 ppmv 情景中，全球 $CO_2$ 排放量在 2020 年达到约 33 Gt 的峰值水平（在 28.4～38.3 Gt 的范围内），但随后迅速下降至 2030 年的 28.5 Gt（在 22～41.5 Gt 的范围内）和 2050 年的 13 Gt（在 8.5～19 Gt 的范围内）。2020—2050 年 3 个 10 年的年均下降率分别约为 1.6%、3.3% 和 4.4%。2050 年的排放水平比 2016 年降低约 65%。

正如卡雅恒等式所强调的那样，全球与能源相关的 $CO_2$ 排放反映了 4 个总体指标变化的综合影响：人口、人均 GDP、单位 GDP 能耗和单位能耗 $CO_2$ 排放。各种情景之间的人口增长率和人均 GDP 的变化有限。全球人口从 2015 年的约 73 亿人增加到 2020 年的 76 亿人、2030 年的 83 亿人和 2050 年的 93 亿人；而全球 GDP 到 2030 年增长约 3.5%，2030 年以后增长约 2.7%。其余 2 个驱动因素的差异和分布将在后文进行讨论。

## 2.3.1 单位 GDP 能耗

单位 GDP 能耗反映了全球能效变化（图 2-3）。

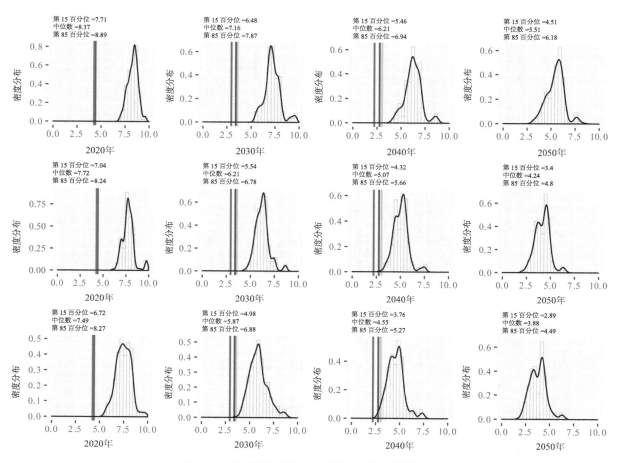

图 2-3　全球单位 GDP 能耗分布（MJ/ 美元）

Cooperation on

26 / 中－英合作气候变化风险评估
——气候风险指标研究

Climate Change Risk Assessment:
Developing Indicators of Climate Risk

在非减缓情景中，全球单位 GDP 能耗从 2020 年的 8.2 MJ/ 美元（1 MJ = $10^6$ J）降至 2030 年的 6.9 MJ/ 美元和 2050 年的 5.2 MJ/ 美元，年均下降率约为 1.5%（大体与历史观测到的能效提高率一致）。尽管能效有所提高，但全球能耗从 2015 年的约 570 EJ（1 EJ = $10^{18}$ J）增加到 2030 年的约 700 EJ 和 2050 年的 900 EJ。这是由于全球 GDP 年增长率（2020—2040 年平均约为 3%，此后略有放缓）超过了能效提高率。

在 550 ppmv 情景中，单位 GDP 能耗急剧下降：2020—2030 年的年均下降率约为 2.4%，2030—2040 年为 2.2%，2040—2050 年为 1.6%。然而，这种改善未能完全抵消 GDP 的增长速度，因此全球能耗在 2050 年增长到 680 EJ。

在 450 ppmv 情景中，单位 GDP 能耗年下降率仅比 550 ppmv 情景约高 0.1%。因此，全球能耗在 2050 年仍然缓慢增长至 650 EJ 左右。

## 2.3.2 单位能耗 $CO_2$ 排放

单位能耗排放水平的变化是评估能源部门和燃料消费类型的重要指标（图 2-4）。

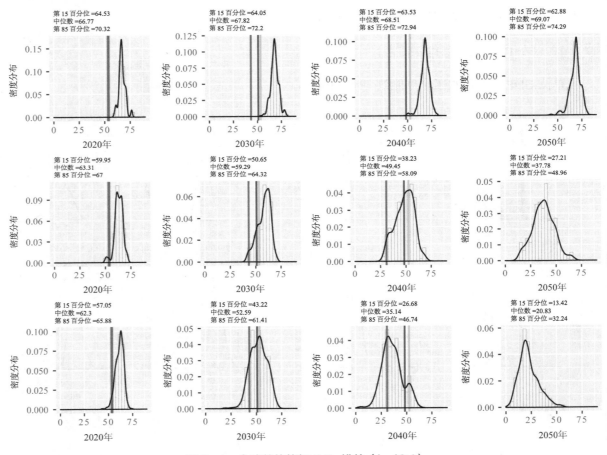

**图 2-4 全球单位能耗 $CO_2$ 排放（kg/GJ）**

在非减缓情景中，全球单位能耗 $CO_2$ 排放仍保持在约 66 kg/GJ（GJ = $10^9$ J）的当前水平，且在 2020—2050 年几乎没有变化。

在 550 ppmv 情景中，能源部门的排放量要少得多。2030 年单位能耗 $CO_2$ 排放降至 58 kg/GJ，

2050 年降至 36 kg/GJ。2020—2030 年、2030—2040 年和 2040—2050 年的年均下降率分别为 0.9%、1.5% 和 3.2%。单位 GDP $CO_2$ 排放也在稳步下降（年均下降率在 3.3% ～ 4.7%）。2030 年之前的单位 GDP $CO_2$ 排放下降主要是由于单位 GDP 能耗的下降，但在 2030 年之后主要得益于单位能耗 $CO_2$ 排放下降。

在 450 ppmv 情景中，单位能耗 $CO_2$ 排放从 2020 年的 62 kg/GJ 降至 2030 年的 50 kg/GJ，到 2050 年降至 20 kg/GJ 左右。因此，2020—2030 年、2030—2040 年和 2040—2050 年的年均下降率分别约为 2.2%、3.8% 和 5.2%。同样，单位 GDP $CO_2$ 排放也在稳步下降（年均下降率在 4.7% ～ 6.6%）。单位能耗 $CO_2$ 排放的减少对 3 个 10 年间单位 GDP $CO_2$ 排放下降的贡献率分别约为 50%、65% 和 80%，因此是推动减排的关键因素。

# 2.4 能源部门指标

虽然上述宏观指标有利于了解能源部门的排放趋势，但它们并未全面反映最新进展，也不能被单独用于建立特别合理的未来排放轨迹。因此，有必要深入探讨能源部门和分部门指标的发展。

在低排放情景中，单位能耗 $CO_2$ 排放的减少是造成排放量下降的主要原因。为了更详细地探讨这方面问题，根据 IPCC AR5 WG III 情景数据库中的可用数据分析了以下技术指标：

（1）化石能源在一次能源中的占比；

（2）煤炭在一次能源中的占比；

（3）电力在终端能源消费中的占比；

（4）化石能源在发电中的占比。

## 2.4.1 化石能源在一次能源中的占比

2010 年，化石能源在一次能源中的占比达到 85% 以上，这一占比在非减缓情景中略有上升（图 2-5）。在 550 ppmv 情景中，到 2020 年化石能源在一次能源中的占比仅略高于 85%，但随后在 2050 年逐渐下降至 78%，年均下降率约 0.25 个百分点。在 450 ppmv 情景中，这一占比在 2030 年以后每年下降约 1 个百分点，在 2050 年降至不到 60%。

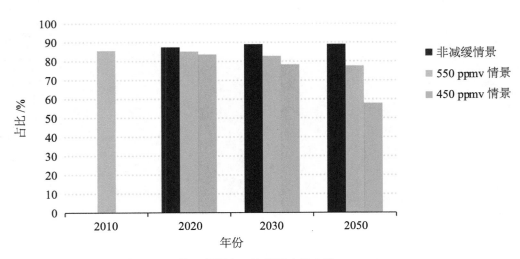

图 2-5 化石能源在一次能源中的占比

## 2.4.2 煤炭在一次能源中的占比

在非减缓情景中，煤炭在一次能源中的占比从 2010 年的不到 30% 增加到 2050 年的约 37%（图 2-6）。在 550 ppmv 情景中，这一占比在 2010—2050 年每年下降约 0.3 个百分点；在 2030 年降至 23%，在 2050 年降至 17%。在 450 ppmv 情景中，这一占比在 2030 年和 2050 年分别迅速降至 19% 和 13%，2010—2030 年年均下降 0.5 个百分点，2030—2050 年年均下降 0.3 个百分点。

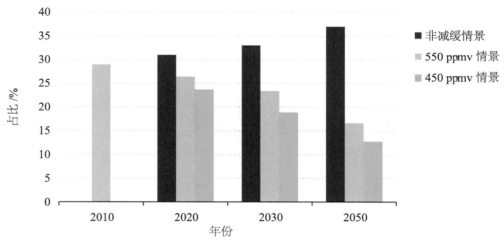

图 2-6　煤炭在一次能源中的占比

## 2.4.3 电力在终端能源消费中的占比

在所有情景中，终端能源需求逐渐电气化，但这种电气化程度在低碳路径中更为明显，特别是在 2030 年以后（图 2-7）。在非减缓情景中，电力在终端能源消费中的占比从现在的 18% 逐渐增加到 2030 年的 23% 和 2050 年的 27%。在减缓情景中，这一占比进一步增加：在 550 ppmv 情景中，这一占比在 2050 年达到 30%；而在 450 ppmv 情景中，该占比在 2050 年达到近 35%。

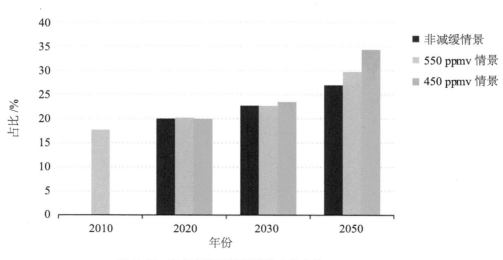

图 2-7　电力在终端能源消费中的占比

### 2.4.4　化石能源在发电中的占比

在 450 ppmv 情景中，化石能源在发电中的占比从现在的不到 70% 下降到 2050 年的略高于 30%（图 2-8）。2030 年以后，这些情景下的年均下降率约为 1 个百分点。

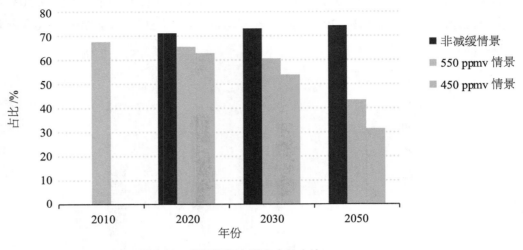

图 2-8　化石能源在发电中的占比

# 2.5 分部门指标

本节将详细介绍推动上述整体趋势的潜在因素。首先，分析 IPCC AR5 情景下的各类数据，然后使用 WEO 情景更详细地分析趋势，分别探究电力部门、交通部门、工业部门、住宅和商业建筑部门的趋势。其次，利用相关的分析结果来建立能源部门预期的排放趋势（基于 2.2 节中论述的方法）。

## 2.5.1 电力部门

当前，电力部门的发电量约为 25 000 TW·h（1 TW·h ＝ $10^9$ kW·h），其排放量占能源部门 $CO_2$ 排放量的 40% 以上。经过几十年的稳定增长，2011 年以来，电力部门的年排放量仍然保持在 14 Gt 以上的水平；因此，当前全球发电的平均排放强度约为 550 $gCO_2$/（kW·h）。煤炭发电份额的减少和可再生能源发电份额的增加为这一稳定排放提供了支持。2016 年，可再生能源技术提供了约 24% 的全球发电量，这一占比在 2011 年为 20%；与此同时，煤炭的发电份额从 2011 年的 41% 降至 2016 年的不到 38%。

1. IPCC AR5 情景下的趋势

在非减缓情景中，几乎没有采取任何能效提升措施：到 2050 年，发电量年均增长率约 2%（2050 年的发电量约为 42 000 TW·h）。电力部门的 $CO_2$ 排放强度起初会有所增加 [到 2020 年达到 640 $kgCO_2$/（kW·h）]，但随后将在 2050 年回落到当前水平。

在 550 ppmv 情景中，会部署更多的终端用能能效提升措施：到 2030 年，全球发电一开始会远低于非减缓情景，之后随着电气化程度越来越高，终端用能部门（交通运输和建筑供暖）的 $CO_2$ 排放不断减少，到 2050 年发电量与非减缓情景大体相近。

在 450 ppmv 情景中，能效提升和电气化进程得到加速和增强：最初能效提升会帮助减缓电力增长水平，因此 2030 年的发电量比非减缓情景低近 10%。2030 年之后电气化发展势头强劲，到 2050 年，总发电量达到近 45 000 TW·h（高于其他 2 个情景中的水平）。全球平均排放强度在 2030 年迅速降至 330 $kgCO_2$/（kW·h），并在 2050 年接近 0 $kgCO_2$/（kW·h）。

2. 可再生能源电力装机容量

近年来，中国可再生能源电力装机容量增速惊人：截至 2016 年，可再生能源电力装机总量达到 235 GW（不包括水电），标志着可再生能源电力新增装机容量创下新的历史纪录。太阳能光伏发电占了其中的一半以上（增加了 74 GW），其次是陆上风电（52 GW）。中国在新增装机容量方面处于领先地位，仅 2016 年当年的太阳能光伏发电装机容量就约为 35 GW，陆上风电装机容量为 20 GW。2016 年全球可再生能源电力装机总量（包括大型水电）仅略高于 2 150 GW，目前已超过全球燃煤发电装机容量。

　　预计这些积极趋势将在未来持续下去（图 2-9），2017 年中国新增太阳能光伏发电装机容量约为 50 GW，全球新增太阳能光伏发电装机容量将接近 100 GW。近年来，可再生能源电力装机容量的年投资额快速增长：2016 年投资额达到 2 970 亿美元（不包括大型水电），是电力部门最大的投资来源。扣除通货膨胀因素后，这一数值比 2011 年略有下降，但由于单位成本下降，新增装机容量规模增长了 50%。太阳能光伏发电和陆上风电是投资主体，分别约 1 200 亿美元和 800 亿美元。展望未来，预计太阳能光伏发电和陆上风电装机容量将保持在较高水平。尽管持续推进和政策支持仍然至关重要，但与可持续发展情景中的水平相比，总体呈现出更加积极的趋势。

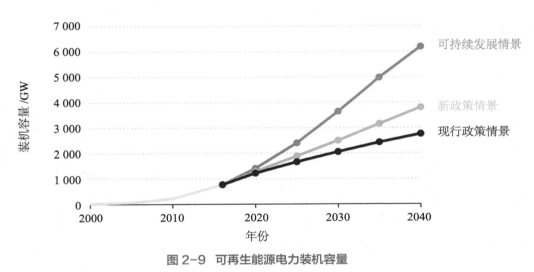

**图 2-9　可再生能源电力装机容量**

（数据来源：WEO 2017）

### 3. 核电装机容量

　　2016 年，全球新增核电装机容量约为 10 GW，这是 1990 年以来出现的最大增幅，这其中的很大一部分安装在中国。然而，新建核电设施项目的前景并不乐观：2016 年当年新建核电设施的新增装机容量仅为 3.2 GW，而过去 10 年的平均水平为 8.5 GW。核电装机容量的高建设成本和融资成本以及普遍不利的政策环境是提高新增核电装机容量水平面临的主要挑战。而全球核电站机组的老化以及一些国家对其在役核电站的提前关闭计划，使退役装机容量也将增加。尽管如此，核电仍在一些关键地区得到相关政策支持：中国、印度和俄罗斯将在未来几年作出是否继续扩大本国核电设施的决定。

　　总体而言，这表明核电新增净装机容量低于可持续发展情景所需的水平，其趋势更符合新政策情景（图 2-10）。

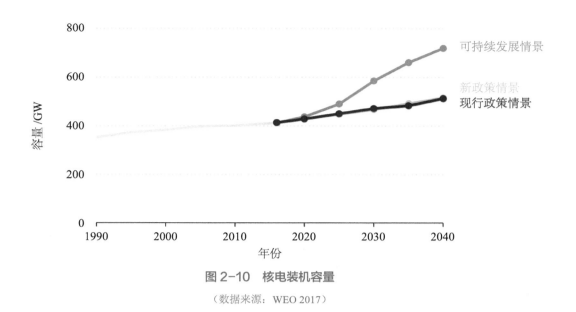

图 2-10　核电装机容量

（数据来源：WEO 2017）

4. 电力部门碳捕集与封存（CCS）装机容量

目前，全球仅有 2 个在役的大型 CCS 设施，且都安装在燃煤电厂。第一个 CCS 设施于 2014 年安装在加拿大边界大坝（Boundary Dam）发电厂，年碳捕集能力为 1 Mt（1 Mt ＝ $10^6$ t）。第二个 CCS 设施在美国的 PetraNova，于 2017 年 1 月开始运行，年碳捕集能力为 1.4 Mt。还有 7 个项目处于早期开发阶段（年总碳捕集能力为 11 Mt），但目前没有其他电力部门的 CCS 设施在建或处于后期开发阶段。此外，即便是所有发布的 CCS 项目也都将在 2020—2030 年中期才能完成，这也使碳捕集能力仅能实现可持续发展情景中预测水平的一半左右。迄今为止的进展更符合现行政策情景（图 2-11）。

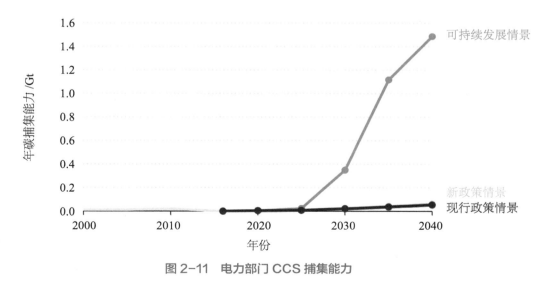

图 2-11　电力部门 CCS 捕集能力

（数据来源：WEO 2017）

34　/　中－英合作气候变化风险评估
———气候风险指标研究

UK-China
Cooperation on
Climate Change Risk Assessment:
Developing Indicators of Climate Risk

### 2.5.2　交通部门

交通部门占能源部门 $CO_2$ 排放的近 1/4（2015 年为 7.7 Gt），能耗超过 110 EJ。过去 5 年中，交通部门的 $CO_2$ 排放年均增长约 2.0%。交通部门排放中的 75% 来自公路运输。其中，轻型乘用车约占公路运输 $CO_2$ 排放量的一半，公路货运占 40%，其余来自公共汽车和两轮 / 三轮车。

1. IPCC AR5 情景下的趋势

在非减缓情景中，到 2050 年，能耗和 $CO_2$ 排放均以约 1.5% 的年均增速增长。到 2050 年，能耗增长将超过 175 EJ；直接 $CO_2$ 排放将增至近 12 Gt；单位能耗 $CO_2$ 排放没有实质改善。

在 550 ppmv 情景中，2050 年的能耗（135 EJ）比非减缓情景低约 25%。

450 ppmv 情景下的能耗与 550 ppmv 情景大体相似，但到 2050 年，单位能耗的 $CO_2$ 排放强度年下降率在 0.5% ～ 1%。因此，2050 年的直接 $CO_2$ 排放量降至约为 6 Gt。

2. 乘用车平均油耗

近年来，全球乘用车每公里平均油耗有所下降，但是道路活动的增加超过了这一改善，导致油耗总量增加。过去几年的低油价使一些国家（尤其是美国）偏好于推广排量更大、更低燃油效率的车辆。

尽管如此，乘用车电气化仍然呈现出积极的趋势。电动汽车销量持续增长，轻型电动汽车市场在 2016 年增长了 50%，全球销量达到 75 万辆。继 2015 年突破百万辆大关之后，2016 年全球电动汽车保有量超过 200 万辆。2015 年之前，美国一直是电动汽车保有量最多的国家，但在 2016 年中国取代美国成为电动汽车保有量最多的国家。尽管如此，目前电动汽车仍然仅占轻型乘用车总量的 0.2%，在全球新车销售中的占比也仍低于 1%。到目前为止，电气化对乘用车平均油耗的影响仍非常有限，电气化水平的提高需要一段时间才能转化为乘用车油耗的下降。因此，燃油效率标准和消费者偏好至关重要。

总体而言，这一指标在可持续发展情景轨迹上表现出一些积极的进展，但整体更符合新政策情景（图 2-12）。

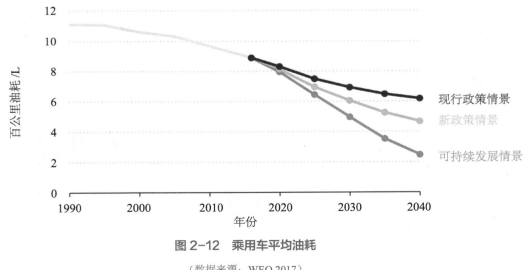

图 2-12　乘用车平均油耗

（数据来源：WEO 2017）

3. 货车平均油耗

过去几年里，货车平均油耗有所改善，但改善速度比乘用车慢。迄今为止，只有加拿大、中国、日本和美国实施了货车燃油效率标准。欧盟在 2018 年年初提出新的重型车燃油效率标准，预计印度也将很快开始实施燃油效率标准。电气化尚未显著触及公路货运。大多数公路货车制造商已宣布他们正在研究开发电动汽车，但尚未推出商业化车型：现在判断其能否取得成功仍为时尚早。因此，这一指标最符合现行政策情景（图 2-13）。

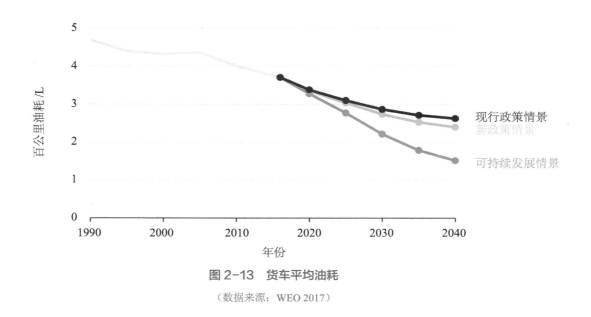

**图 2-13  货车平均油耗**

（数据来源：WEO 2017）

4. 航空和航运生物燃料消费总量

目前，航空和航运领域仅使用了非常少量的生物燃料。为了实现可持续发展情景轨迹，生物燃料的使用在未来几年内需要快速增长，到 2020 年年底应达到每日 100 万桶以上。航空业的一些主要机构（包括国际民航局）已经宣布了其自愿且雄心勃勃的目标，即到 2020 年实现碳中和增长，到 2050 年温室气体排放量相对于 2005 年水平减少 50%。航空生物燃料被视为实现这些目标的关键措施之一。然而，航空生物燃料的高成本是阻碍其更广泛使用的主要因素之一，另一个挑战是采购合适的原料。基于木质纤维素原料或使用藻类的先进航空生物燃料仍处于试验阶段，尚不具备商业可行性。同样，航运业在增加生物燃料使用方面进展甚微。短期内，预计液化天然气（而非生物燃料）将在满足更严格的环境法规方面发挥更重要的作用（如从 2020 年开始实施限制海运燃料硫含量的法规）。

总之，目前的发展几乎没有显示出航空和航运领域的生物燃料消费能够达到可持续发展情景轨迹的积极势头（图 2-14）。

36 /
UK-China
Cooperation on
中－英合作气候变化风险评估
——气候风险指标研究
Climate Change Risk Assessment:
Developing Indicators of Climate Risk

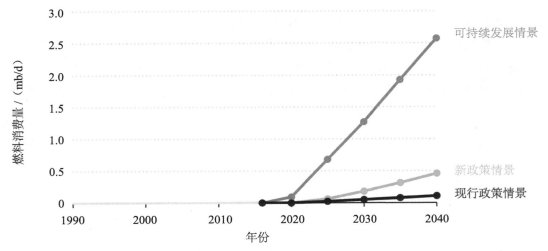

图 2-14  航空和航运生物燃料消费总量

（数据来源：WEO 2017）

注：mb/d 为百万桶石油当量 / 天。

### 2.5.3  工业部门

2015 年，工业部门的能耗超过 110 EJ，占能源部门 $CO_2$ 排放的 20% 左右（略低于 7 Gt）。过去 5 年中，工业能耗年均增长率约为 1.7%，但不断变化的能源结构使 $CO_2$ 排放量大体持平。煤炭消费量下降，天然气和电力消费量增加。工业过程排放的 $CO_2$ 约为 2.1 Gt，其中大部分来自水泥生产。因此，目前工业部门排放中来自能源和工业过程的 $CO_2$ 排放总量约为 8 Gt。

1. IPCC AR5 情景下的趋势

在非减缓情景中，到 2050 年，最终能源消费年增长率在 1% ～ 1.3%。2020—2050 年，工业部门的能耗排放强度没有显著改善，因此到 2040 年，工业部门的直接 $CO_2$ 排放将增至 14 Gt 以上。

在 550 ppmv 情景中，2050 年的工业部门能耗比非减缓情景低 30% 左右，但排放量略高于当前水平。

在 450 ppmv 情景中，最终能源消费与 550 ppmv 情景大体相似，但到 2050 年，单位能耗 $CO_2$ 排放强度年均下降率在 1.5% ～ 2.8%。因此，2050 年的排放量将降至 5.3 Gt 左右。

2. 工业部门单位增加值的能源需求

过去 5 年中，工业能源需求与增加值的比例提高了约 10%。重工业的能源消费增长放缓幅度最大，而轻工业（增加值更高）则延续了过去以来的长期趋势。尽管有了这些改进，但仍需要加强能效提升的政策和行动，以使这一指标更加符合可持续发展情景轨迹的设想（图 2-15）。

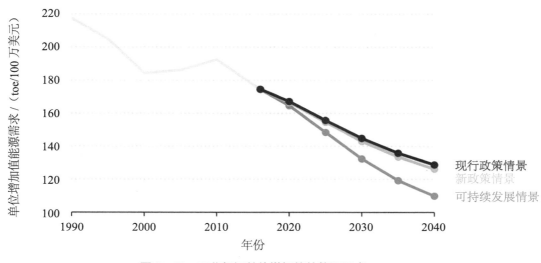

**图 2-15　工业部门单位增加值的能源需求**

（数据来源：WEO 2017）

### 3. 工业部门单位能耗 $CO_2$ 排放

近年来，由于工业部门 $CO_2$ 排放量基本持平，而能源消费量增加，因此工业部门的单位能耗 $CO_2$ 排放强度有所改善。不过，大部分改善都来自重工业之外，重工业的能源结构没有发生任何实质性变化。2010—2014 年，全球电弧炉钢产量仅增长了 1 个百分点，达到 30%。钢铁行业需要加大力度提高电弧炉的份额，以促进能源效率的提高和 $CO_2$ 排放强度的降低。近年来，化工业在减少 $CO_2$ 排放方面取得了较好的进展（图 2-16）。

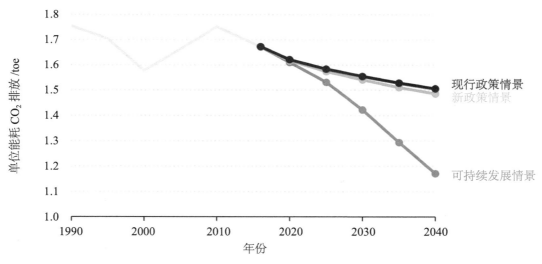

**图 2-16　工业部门单位能耗 $CO_2$ 排放**

（数据来源：WEO 2017）

38 / 中－英合作气候变化风险评估
——气候风险指标研究

UK-China
Cooperation on
Climate Change Risk Assessment:
Developing Indicators of Climate Risk

CCS 在工业部门的应用也取得了一些进展：有 13 个工业项目投入运行，总碳捕集能力接近每年 30 Mt。其中大多数与天然气加工有关，但也有一些用于工业过程，如化肥生产。全球首个钢铁 CCS 项目于 2016 年开始运营，目前还有 4 个在建设施，另外 6 个设施处于后期开发阶段。

新政策情景和现行政策情景并未预测该指标的重大改进，因此近期的趋势表明改进的速度超过了这 2 种情景所要求的水平。但是，要实现可持续发展情景轨迹仍需付出更多努力。

4. 工业部门零碳燃料份额

近年来，零碳燃料（生物能源、其他可再生能源和电力）的使用有所增加，这主要得益于电力消费的增加。但是这方面的改进仍然十分缓慢，落后于现行政策情景和新政策情景中预期的水平（图 2-17）。

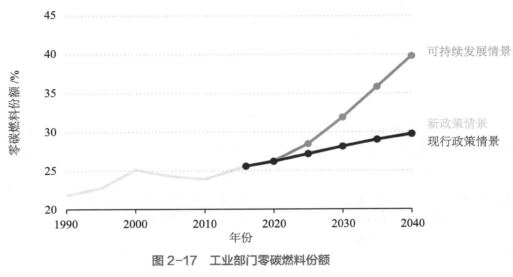

图 2-17　工业部门零碳燃料份额

（数据来源：WEO 2017）

## 2.5.4　建筑部门

建筑部门占能源部门直接 $CO_2$ 排放量的比例略低于 10%（3.5 Gt），这一占比在过去 5 年中基本保持不变。住宅建筑约占 2/3，服务业约占 1/3。2010 年以来，建筑部门的能耗年均增长率约为 1%。

1. IPCC AR5 情景下的趋势

在非减缓情景中，到 2050 年最终能源消费没有出现大幅度增长。然而，由于使用的燃料类型发生变化——最明显的是从传统生物质转变为使用液化石油气（LPG）和天然气，建筑部门的直接 $CO_2$ 排放量年均增长率约为 0.6%；因此 2050 年的直接 $CO_2$ 排放量将增至 4.4 Gt 左右。

在 550 ppmv 情景中，2050 年的能源消费比非减缓情景低 20% 左右，而单位能耗 $CO_2$ 排放强度没有显著改善。

在 450 ppmv 情景中，最终能源消费再次与 550 ppmv 情景大体类似。单位能耗 $CO_2$ 排放强度的下降率低于其他部门（到 2050 年，年下降率在 0.3% ～ 0.5%），但 2050 年的 $CO_2$ 排放量仍会降至低于 2 Gt。

## 2. 住宅建筑户均能源需求

2011—2016 年，全球家庭总数增加了 1.5 亿户，超过 20 亿户（增长 8%）。与此同时，能源需求增加了约 5%，因此全球户均能源需求总量有所下降。可持续发展情景要求该指标实现快速改进，这意味着需要在当前基础上加快节能和低碳建筑技术的应用，特别是在发达经济体中。该指标的表征最符合新政策情景的发展趋势（图 2-18）。

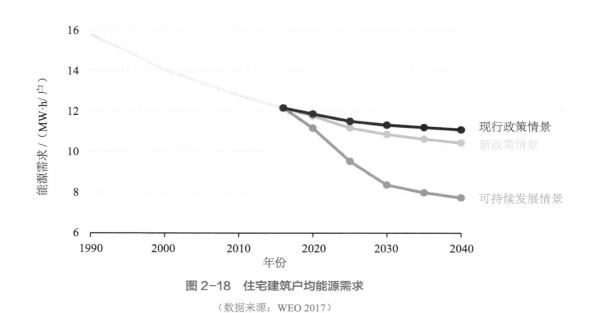

**图 2-18　住宅建筑户均能源需求**

（数据来源：WEO 2017）

## 3. 服务业单位增加值能源需求

近年来，服务业增加值显著增加，而能源需求增长仅略高于 1%（由电力和天然气消费增加带动）。与住宅部门一样，该指标最符合新政策情景（图 2-19）。

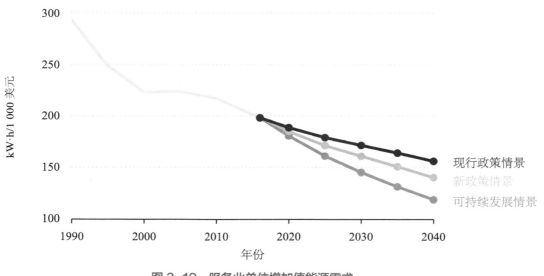

**图 2-19　服务业单位增加值能源需求**

（数据来源：WEO 2017）

UK-China
Cooperation on
中－英合作气候变化风险评估
——气候风险指标研究
Climate Change Risk Assessment:
Developing Indicators of Climate Risk

#### 4. 建筑部门化石燃料和传统生物质份额

自 1990 年以来，化石燃料和传统生物质在建筑部门总能源消费中的份额稳步下降，目前略低于 60%。过去 10 年中，由于增加的能源需求已通过电力满足，因而化石燃料和传统生物质的绝对消费值相对持平。尽管如此，目前传统生物质仍然是建筑部门使用量最多的单一燃料（占比约为 23%），其次是天然气（占 21%）。尽管有这些改进，但该指标仍偏离可持续发展情景轨迹，需要进一步加快降低化石燃料和传统生物质的份额（图 2-20）。

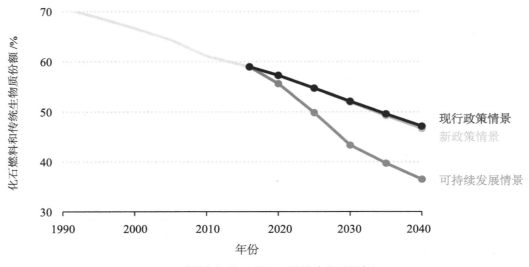

图 2-20　建筑部门化石燃料和传统生物质份额

（数据来源：WEO 2017）

### 2.5.5　小结

本部分使用"交通灯"分类来汇总指标的近期趋势与不同情景中的预测趋势的比较结果。正如本章 2.2 节所述，首先，基于每个指标的历史时间序列数据对未来进行推断，并考虑世界各地近期的投资决策、政策、监管、商业目标和战略以及研究、开发和部署进展；其次，使用如表 2-1 中所示的定性描述将每个指标分配到特定的"交通灯"颜色下：红色表示该部门偏离可持续发展情景轨迹，其趋势最符合现行政策情景；琥珀色表示迄今为止取得了一些令人鼓舞的进展，但需要做出更多努力来满足可持续发展情景的需求，其趋势最符合新政策情景；绿色表示其趋势最符合可持续发展情景，但持续推进和政策支持依然很重要。

表 2-1　能源部门指标"交通灯"仪表板

| 部门 | 指标 |
|---|---|
| 电力部门 | 可再生能源电力装机容量 |
| | 核电装机容量 |
| | CCS 碳捕集能力 |
| 交通部门 | 乘用车平均油耗 |
| | 货车平均油耗 |
| | 航空＋航运物燃料消费总量 |

| 部门 | 指标 |
|------|------|
| 工业部门 | 能源需求 / 增加值 |
| | 单位能耗 $CO_2$ 排放 |
| | 工业部门零碳燃料份额 |
| 建筑部门 | （住宅部门）户均能源需求 |
| | （服务业）能源需求 / 增加值 |
| | 建筑部门化石燃料＋传统生物质份额 |

最后，制定能源部门的未来排放展望。主要基于上述 12 个特定部门指标的具体情况及其相对于现行政策情景对可持续发展情景减排的贡献（新政策情景不应用于这一分析）。

许多指标的趋势介于现行政策情景与可持续发展情景预测之间，因此可以通过适当扩大每个部门或分部门的排放水平来进行外推。例如，如果某一年份的指标趋势是现行政策情景与可持续发展情景预测之间的 1/3，则该指标的排放量假定为是现行政策情景与可持续发展情景预测值之间的 1/3。这是一种简化，因为它意味着每个指标的排放路径不能超出这 2 种情景形成的总排放范围。因此，即使某一指标的演变速度比现行政策情景中预测的要慢，该部门或分部门的排放量也不能高于现行政策情景中的趋势。同样，一个部门或分部门的排放量也不能低于可持续发展情景的预测水平。[①]

由此产生的能源部门 $CO_2$ 排放量（包括工业过程排放）如图 2-21 所示。到 2030 年，$CO_2$ 排放量缓慢增加，然后保持在 35 Gt 左右（比当前高 3 Gt）。通过与 IPCC AR5 中的代表性浓度路径（RCP）进行比较可以看出，基于指标趋势的排放前景最接近 RCP4.5，但明显低于 RCP8.5（依照 RCR8.5 趋势，到 2040 年 $CO_2$ 排放的增长将超过 60 Gt）；同时，指标趋势却远高于与 RCP2.6 趋势相似的可持续发展情景（SDS）轨迹。

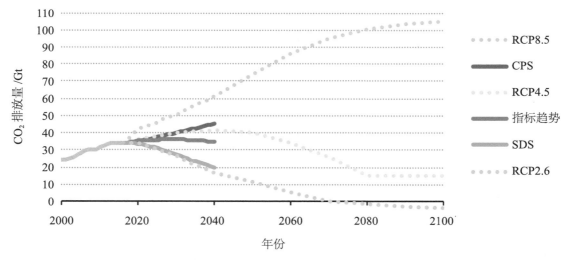

**图 2-21    基于指标趋势预测能源部门和工业过程的 $CO_2$ 排放**

注：CPS ＝现行政策情景；SDS ＝可持续发展情景；RCP ＝代表性浓度路径。

---

① 分部门一级产生的一些指标不一定涵盖整个部门的每个具体排放源，如交通部门 3 个指标的排放量约占当前行业排放量的 90%（不包含公共汽车和火车的排放量）。在这种情况下，可以假定 3 个选定指标的加权趋势代表整个行业的排放趋势，再基于 3 个指标中的每个指标生成综合排放趋势，以推断涵盖该部门的总排放量。

# 2.6 排放路径对温升的影响

图 2-22 显示了使用气候模型 MAGICC 计算的不同排放路径的温升概率结果（Meinshausen et al., 2011），这些路径包括 RCP（van Vuuren et al., 2011）和基于指标趋势的展望（图 2-21）。RCP2.6 路径大致对应于可持续发展情景（SDS）和上文中讨论的 450 ppmv 情景，而 RCP4.5 路径与 550 ppmv 情景最相似。图 2-22 给出了这些不同情景下 2100 年实现不同温升的概率。

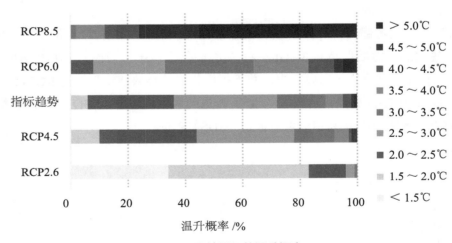

图 2-22 不同情景下的温升概率

根据 RCP2.6，2100 年的中值温升约为 1.65℃；其中温升低于 1.5℃ 的概率约为 33%，而温升超过 3℃ 的概率不到 5%。基于指标趋势的展望则显示，2100 年的中值温升约为 2.7℃，其中温升低于 2℃ 的概率不到 5%，而温升超过 3℃ 的概率约为 25%。正如预期的那样，考虑到图 2-21 所示的类似排放轨迹，基于指标趋势展望的温升结果与 RCP4.5 大体相似。然而，值得注意的是，基于指标趋势的前景依赖于政策目标的持续加快推进（尽管未达到可持续发展情景实现减排所需的必要速度），这意味着 $CO_2$ 排放量将逐渐减少，到 2100 年降至略低于 25 Gt $CO_2$ 左右，而如果不采取这些措施，温室气体排放趋势不会趋于平缓，并且可能会继续上升，符合现行政策情景趋势甚至是 RCP8.5。而根据 RCP8.5，2100 年的温升超过 4℃ 的概率将接近 90%，其中 2100 年的中值温升超过 5℃。

# 2.7 结 语

全球地表长期平均温升是累积排放的函数。能源部门目前约占温室气体排放总量的 2/3。随着世界人口和经济的持续增长，能源部门将成为实现未来长期排放路径的关键决定因素。尽管各国已经采取了一些积极措施来减少温室气体排放，但作为《巴黎协定》目标的一部分所作的承诺仍不足以实现"将全球平均温升控制在不超出工业化前水平 2℃ 以内，并努力将温升控制在 1.5℃ 以内"的既定目标。如果 2030 年之前减排情况没有显著改善，那么 2030 年之后将需要采取比建模中的成本效益路径更快速的减排措施和路径。

2000 年以来，单位 GDP 能耗每年下降约 1%，这一指标需要加速到超过 2.5% 才能实现《巴黎协定》的温控目标。同时，也需要减少单位能耗 $CO_2$ 排放，因为尽管近期已采取了一些政策措施，但 2000 年以来这一指标略有上升。因此，需要加快推进高能效、低碳能源系统转型的步伐。为了更详细地分析这一点，我们在能源部门中确定了 12 个分部门指标，以展示有关当前能源转型状况的分析，并研究能源部门未来的 $CO_2$ 排放趋势。分析显示，12 个选定指标中只有 1 个达到实现可持续能源转型所需的趋势，其他指标均进展落后。

基于这些趋势，到 2030 年，能源部门的 $CO_2$ 排放将缓慢上升，然后保持在 35 Gt 左右（比当前水平高 3 Gt）。这将导致 2100 年约 2.7 ℃ 的中值温升（2.1 ～ 3.5℃ 的概率在 10% ～ 90%），这与对《巴黎协定》承诺的排放趋势的影响估计大体一致。将温升控制到这一水平需要加大现有的政策执行力度，否则 2100 年的温升很可能超过 4℃（超过 5℃ 的概率为 50%）。最终，在所有情况下，实现净零 $CO_2$ 排放对于阻止全球平均温度持续上升是十分必要的。

在 12 个选定的指标中，只有成熟的可再生能源（如陆上风能和太阳能光伏）在向预期的方向发展。然而，即使对于这些技术，尤其是在应对大规模可再生能源电力系统可能带来的挑战方面，加快政策支持和技术进步仍然非常重要。所有其他分部门都没有取得足够的进展。

12 个指标中有 5 个指标显示近期取得了一些改善，但仍需加大政策执行力度，这些部门和领域包括客运、工业部门消耗的燃料排放强度、住宅和商用建筑能效以及核电装机容量的部署。在客运方面，需要出台政策来增加保有和运营高排放强度汽车的成本，同时鼓励购买更高能效汽车甚至零碳汽车。此外，也需要增加节能公共交通方式的投资，引入提高车辆能效的法规，以及鼓励实施采用和开发低碳燃料的措施。从工业部门来看，近期的工作重点应放在实施最佳可行技术并继续提高能效上。长期减排需要政策支持，以激励试点和商业规模的创新，以及跨公司、部门和国家的合作。从建筑部门来看，需要付出更多努力以使终端电器尽可能高效，在修建新建建筑时确保建筑接近零能耗,对既有建筑进行深度改造,并且更多地使用零碳能源来为建筑供暖。更多的融资渠道对于激励这一领域的投资至关重要。最后,虽然一些国家在开发和规划核电装机容量方面取得了积极进展,但许多其他情况导致这方面的进展仍然十分滞后。既有核电装机容量和鼓励新增核电装机容量都需要明确而一致的政策支持,其中包括努力降低许可和选址阶段产生的投资风险,并使获得最终批准或决定之前所需的资本支出水平降至最低。

在 12 个指标中有 6 个指标显著偏离轨道,需要重新调整政策重点,包括碳捕集和封存(CCS)、货运、先进生物燃料的生产和消费水平、能效提升和工业部门零碳燃料份额,以及建筑部门零碳燃料消费水平。CCS 对电力和工业部门的减碳至关重要。虽然近年来全球大型CCS 项目组合有所扩大,但目前缺乏足够的政策支持,严重阻碍了其必要的进度。先进生物燃料对交通部门(特别是航空)的减碳至关重要,但目前的进展严重偏离轨道。有必要出台相关政策加快先进生物燃料的部署,同时辅以财政去风险措施(包括税收激励措施),特别是在成本居高不下的情况下促进技术创新和商业化。在所有情况下,大规模扩大公共和私人清洁能源研究、示范和开发项目投资,对于实现可持续、可负担且安全的能源部门转型至关重要。

本章中所采用的用于追踪变化并对能源部门的具体指标提供预测的方法,为快速地了解各项减缓温室气体排放的措施进展提供了便捷。通过定期更新这些指标,可以追踪新的发展是改进还是恶化了总体排放的长期轨迹。除了有助于评估近期的政策决策影响外,本章中的方法还可以指明哪些政策正以所需的速度推进,而哪些政策又需要加快行动。IEA 针对这一方面开展了"追踪清洁能源进展"工作[①],其中对实现清洁能源转型所需的特定能源技术和部门进展进行了严格评估。

## 参考文献

[1] IEA. Energy Efficiency Indicators: Fundamentals on Statistics[M]. OECD/IEA, Paris, 2014. https://webstore.iea.org/energy-efficiency-indicators-fundamentals-on-statistics.

[2] IEA. Energy efficiency indicators[M]. OECD/IEA, Paris, 2016. https://www.iea.org/statistics/efficiency/.

[3] IEA. World Energy Outlook 2017[M]. OECD/IEA,Paris,2017. https://www.iea.org/weo2017/.

[4] IPCC. Climate Change 2013: The Physical Science Basis [M]. New York: Cambridge University Press, 2013. http://www.ipcc.ch/report/ar5/wg1/.

[5] IPCC. Climate Change 2014: Mitigation of Climate Change[M]. New York: Cambridge University Press, 2014. https://www.ipcc.ch/report/ar5/wg3/.

[6] KAYA Y. Impact of Carbon Dioxide Emission Control on GNP Growth: Interpretation of Proposed Scenarios[J]. Paper presented to the IPCC Energy and Industry Subgroup, Response Strategies Working Group, Paris, 1990.

[7] MEINSHAUSEN M, RAPER S C B, WIGLEY T M L. Emulating coupled atmosphere-ocean and carbon cycle models with a simpler model,MAGICC6 – Part 1: Model description and calibration[J]. Atmospheric Chemistry and Physics, 2011, 11(4): 1417-1456. https://www.atmos-chem-phys.net/11/1417/2011/.

[8] VAN VUUREN D P, EDMONDS J, KAINUMA M, et al. The representative concentration pathways: an overview[J]. Climatic Change, 2011, 109: 5-31. https://doi.org/10.1007/s10584-011-0148-z.

---

① http://www.iea.org/tcep/.

# 第 3 章

# 气候变化带来的
# 直接风险

# 3.1 引 言

　　本章旨在评估不同级别的气候变化带来的直接风险，不仅重点研究气候的快速变化，还会将其与缓速变化的影响进行比较。本章通过一系列相关指标来描述这些直接风险，包括极端气候、水资源压力、河流和沿海洪水、干旱和农业等因素导致的未来影响。本章建立在第 2 章探讨未来排放路径的研究基础之上，并为第 4 章系统性风险分析奠定了基础。

　　联合国国际减灾战略署（UNISDR）将风险定义为"在特定时期内可能对系统、社会或社区造成潜在的生命损失，使人们受到伤害，资产遭到破坏或损失"（UNISDR, 2009）。在风险的概念里，集中了实质危害、危害暴露度和脆弱性 3 个方面（IPCC, 2012）：实质危害是指气候引起的事件，如高温热浪、洪涝和干旱；危害暴露度是指可能受到实质危害影响的人口、活动和财产，如生活在洪涝频发地区的人口以及作物收成的地点和时间；危害脆弱性是指暴露在危害之下遭受损失或损害的可能性，在很大程度上取决于资源的可得性、治理水平、预期能力或适应能力等驱动因素的影响。

　　气候变化将影响实质危害，社会经济的变化将影响危害暴露度和脆弱性（图 3-1）。我们可以对实质危害和危害暴露度的关键特征进行量化，并且可以根据气候和社会经济情景做出具体的量化预测，然而却很难对危害脆弱性的驱动因素在未来发生何种变化做出量化预测，只能通过情况描述来体现。因此，本章将重点关注实质危害和危害暴露度的定量指标，同时将危害和暴露度进行综合，并对其潜在的风险做出预测。本章不探讨脆弱性，因此不对其可能发生的实际影响做出预测。

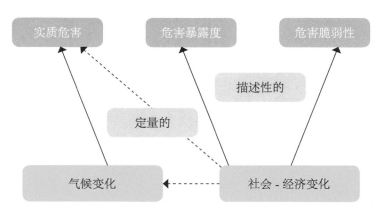

图 3-1　风险三要素及风险变化的驱动因素

　　本章采用的方法是利用一系列指标估计整个 21 世纪面临的风险，分别采用 2 种排放情景和相关的气候情景，以及 5 种社会 - 经济情景做出相关预测。2 种排放情景是指低排放和高排放，而气候情景是指区域之间的变量以及整个一年当中相关气候变量（如降水）的变化。不同气候模型之间的气候变化预测存在可变性，我们将这些模型加以集合来描绘此类不确定性。排放情景和气候情景在综合之后被用于预测实质危害的变化。此后，将实质危害的变化与 5 种社会 - 经济情景下的危害暴露度变化相结合，用以估计人类所面临的潜在风险变化。

　　本章将在全球及中国的尺度上使用相同的排放情景、相同的社会 - 经济情景和相同的指标进行风险评估。我们不仅对未来的风险做出预测，而且还会监测风险及其驱动因素的演变方式。一方面，若仅监测实质危害的发生与否并不能使我们洞悉未来潜在的风险，因为每一年的情况都有很大的变化，且内部气候变率（如厄尔尼诺）对年际变化的影响非常显著，因此很难确定变化趋势，更确切地说，根据最近的经验来推断未来的风险是刻舟求剑。所以，我们会将监测到的当前实质危害的年际变化与长期趋势进行比较，以在很大程度上为基于情景的危害风险预测提供历史背景。另一方面，危害暴露度的变化速度要更为缓慢，因此观测当前的暴露度趋势对于预测影响和风险的未来走向可能更具有指示性意义。此外，那些观测到的危害脆弱性定量和定性驱动因素趋势也能帮助我们了解未来的危害脆弱性情况，第 4 章中将具体讨论。监测当前的实际影响（如洪灾受灾人数）并不能为未来趋势提供有用的信息，一部分原因是灾害发生的年际变化很大，另一部分原因是危害暴露度会随时间而变化（图 3-1）。

　　本章对跨越多个指标和不同部门的未来气候风险评估工作进行了介绍。不过，我们并未尝试评估哪些部门的哪些风险更为重要，原因有 3 个：一是各类指标必然会使用不同度量来描绘各自的影响，它们之间无法进行直接比较；二是不同指标的相对排名会受到决策者部署的优先事项影响，而此类优先事项显然会因决策者及其目的各异；三是评估集中于已然经过定义和计算的指标，并非将所有的部门都包括在内（如已经明确不考虑热带风暴的影响）。

　　我们之所以说很难预测气候变化所产生的影响，是由于存在以下方面的不确定性：排放变化的速度、气候系统对排放增加的响应度、危害暴露度的变化以及在气候和影响模型中对过程的表述不够完善等。对于给定的排放和社会 - 经济情景，已经发布的影响评估报告往往重点关注影响的中心估值，同时指出围绕这一中心估值的不确定范围。我们不仅采用了相同的方法，还给出了影响结果。但是在本章的最后，对于高排放情景我们将重点聚焦于合理影响范围顶部的"高端"影响，其目的在于响应 King 等（2015）的号召，对"最坏情况"的气候变化影响给予更多的关注（第 1 章）。

# 3.2 方法学

## 3.2.1 引言：危害、暴露度和脆弱性

本章整体采用的方法是通过一系列影响模型，结合气候、海平面和社会经济情景来估计全球和中国尺度下的气候变化直接影响（"一级"）。上述模型首先对当前和未来的实质危害（如高温热浪的发生频次）进行模拟，并将其纳入预测暴露度（如 65 岁以上的人口数量）以对潜在影响的指标做出预测（如暴露于高温热浪的人数）。模型从 4 个方面计算危害和潜在影响的指标，即极端气候、水资源、河流和沿海洪水、农业。脆弱性属于社会、制度体系和行为范畴，在本章不予讨论：脆弱性决定了潜在的直接影响转化为实际影响的可能性，以及它们将以何种方式发展成为系统性风险（第 4 章）。

各类危害和影响的指标定义各异，一是因为这些危害的不同方面与不同的暴露度和影响地区相关，二是因为不同的阈值或关键值在不同的地区存在相关性，如"高温热浪"可以采用不同的温度阈值或持续时间来定义，这取决于暴露人口的特征以及所关注的健康风险。3.3 节和 3.4 节将详述全球和中国尺度使用的具体指标。危害和可能的影响是根据两种排放情景（低排放和高排放）及在两种排放情景下气候发生变化的可能地理分布形态和社会 - 经济情景计算出来的。下文将会详细讨论。

## 3.2.2 排放情景及全球平均气温和海平面的变化

本章使用两种排放情景来计算风险。一种排放情景代表未来将产生高排放，采用浓度路径 RCP8.5（van Vuuren et al., 2011）来描述这种情况（注意：这不是预测，而是合理的假设）。与第 2 章提出的"指标趋势"或"现行政策"方案情景相比，高排放情景的排放量更高。之所以采用此种情景，主要是因为我们已经将其用于本书的先前研究中。而另一种排放情景代表的排放量要低得多，因此可以比较不同排放变化速度下的风险，采用浓度路径 RCP2.6（van Vuuren et al., 2011）来描述这种情景，它基本与《巴黎协定》的目标一致，换言之，这一情景可将全球平均气温的上升幅度控制在低于 2℃以内。RCP2.6 在第 2 章提出的"可持续发展"情景中产生了类似的气温变化。

图 3-2 显示了这两种排放情景下全球平均气温的变化曲线，以及观测到的全球平均气温的变化情况。我们采用 MAGICC 气候模型的概率测算版本来估算不同排放情景下全球平均气温未来变化的概率分布（Wigley 和 Raper，2001；Lowe et al., 2009）。概率分布能够体现气候敏

感度、碳循环反馈强度和大气海洋之间热交换等方面的不确定性，能够显示全球地表平均气温变化的中位数以及 10% 和 90% 分位值的估计。观测到的趋势与全球平均预测气温的未来预估一致，但并不能估计未来的变化速率。

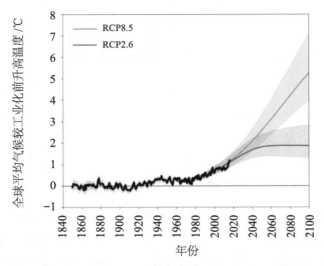

**图 3-2　两种排放情景下全球平均气温的变化**

注：图中显示了中位数和第 10 百分位、第 90 百分位的变化情况。观测数据（黑线）来自 HadCRUT4 数据库，截至 2016 年。

海平面上升将对海岸带产生影响，而海平面上升主要源于海水变暖时产生的热膨胀以及陆地冰川和冰原的融化。图 3-3 显示了两种排放情景下预估的全球平均海平面的上升变化，以及观测到的变化。海平面的预估上升幅度是根据全球平均气温的增加情况估计的。由于洋流、热膨胀的地理分布以及融冰的重力分布各异，全球海平面的上升幅度存在差异，但是本书采用情景并未体现这一点。海岸带的海平面上升幅度还取决于垂直陆地运动的情况，例如，因冰川均衡调整、构造变化或地表沉降（可由地下水开采导致）等因素引起。地表沉降因素在人口集中的敏感地区尤其明显，在局部地区可能比海平面上升带来的影响更为严重。

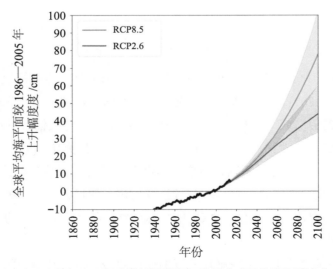

**图 3-3　两种排放情景下预计的全球平均海平面变化**

注：图中显示了每种排放情景下的中位数估值以及估算的"低值"和"高值"。观测数据（黑线）来自 Church 和 White（2011），截至 2015 年。

### 3.2.3 区域和地方气候的变化

危害指标的变化不仅取决于排放量的变化和全球平均气温的增加，而且更直接地取决于气温、降水和其他相关气候变量在局部地区的变化，可以根据全球气候模型的输出结果来描述局部地区气候的合理变化情景。尽管不同的气候模型往往会产生大体相似的大范围气候变化模式（湿润地区变得更湿润，干燥地区变得更干燥，高纬度地区的气温升高幅度更大），但是估算的变化幅度可能会出现显著差异，而且全年的变化方向也不尽相同。因此，本书采用集合气候模式来描绘变化分布的不确定性所带来的影响。此类集合模式均基于 CMIP5（第 5 次耦合模式比较计划）中使用的气候模式（Taylor et al., 2012），并在 IPCC AR5（IPCC, 2013）中进行了评估。

### 3.2.4 社会 - 经济情景

危害暴露度的变化由 5 种共享社会 - 经济情景（SSP）所确定（O'Neill et al., 2017）。此类社会 - 经济情景包括对人口和经济增长等方面潜在变化的定量预测，以及国家、国际治理和政策变化的定性叙述。在本章中，我们只使用人口数量和经济增长预测。共享社会 - 经济情景中的人口预测与联合国人口司的预测略有不同：与排放情景一样，应将其视作合理的未来假设，而非具体的预测。

图 3-4 显示了 5 种共享社会 - 经济情景下的全球总人口、"脆弱"人口（65 岁以上）和 GDP，以及中国的预计总人口和 GDP。需要注意的是，所有中国的人口情景显示，2040 年之前人口略有上升，之后开始减少。

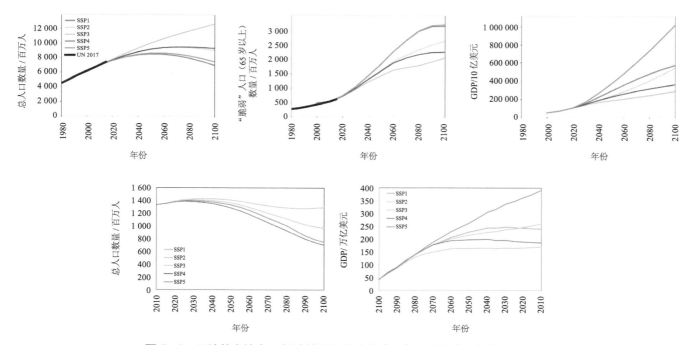

图 3-4　5 种共享社会 - 经济情景下的全球（上）和中国（下）总人口与 GDP

注：全球数据来源于国际应用系统分析研究所（IIASA）共享社会经济途径（SSP）数据库 http://tntcat.iiasa.ac.at/SspDb；中国数据来源于 Jiang et al.,（2017，2018）；GDP 按 2005 年不变价。

### 3.2.5 其他相关的研究

关于气候变化在地方和区域尺度的潜在影响，已经有很多的研究成果（IPCC AR5, 2014）。然而，在全球尺度内，与社会－经济影响和风险有关的研究仍然不多。这些全球尺度的研究中大多数都是整体协调工作的内容之一，此类协作会涉及多个部门的研究，并使用统一的气候和社会－经济情景，其中包括 QUEST-GSI 项目（Arnell et al., 2016），采用行之已久的 SRES 气候和社会－经济情景；ISI-MIP 倡议（Warzsawski et al., 2014），采用 CMIP5 气候情景的一个子集；BRACE 项目（O'Neill et al., 2018），采用由多个单一气候模型构成的集合；HELIX 项目（Betts et al., 2018），采用 CMIP5 和之后的气候模型。BRACE 项目和作为论文发表的 HELIX 项目（Betts et al., 2018）均重点研究如何在实现特定的气候政策目标后避免产生影响，而非高速气候变化带来的影响。

King 等（2015）提出了一个初步评估报告，对多个行业的全球直接气候风险进行了研究（热应力对人口、作物生产、水资源压力、干旱以及河海洪水的影响），该报告重点关注了高速变化下的影响，并尝试对一些部门产生的"最坏情况"影响做出估计。该分析的基础是已有研究和最新研究进展（使用 CMIP5 情景）的综述评估。本书中的全球尺度评估建立在 King 等（2015）的评估基础之上，考虑了更广泛的指标和部门，并采用了统一的方法以及相同的气候和社会－经济情景。

# 3.3　全球尺度的直接风险

## 3.3.1　引言

本节概述了全球尺度下气候变化所带来的直接风险，介绍了实质危害的变化以及危害和暴露度发生变化后带来的综合影响，提供了风险幅度和风险超过特定阈值可能性的相关信息。

## 3.3.2　指标

表 3-1 汇总了按全球尺度计算的相关风险指标。

表 3-1　按全球尺度计算的风险指标

| 影响方面 | 风险 | 危害指标 | 暴露度指标 | 潜在影响指标 |
|---|---|---|---|---|
| 极端热天气 | 健康影响 | 每年发生至少一次高温热浪的可能性（至少有 4 d 的气温高于炎热季节 99% 的天数气温） | 65 岁以上人口的数量 | 暴露于高温热浪的脆弱人口的年均人数 |
| | 劳动生产率 | 暑热压力指数＞32℃的年均天数 | 20 ～ 65 岁人口的数量 | 工作年龄人口暴露于不适宜工作条件的年均比例（至少30 d 的暑热压力指数＞36℃） |
| 水资源 | 持续性水资源短缺 | 具有地表径流的地域比例 | 人口数量 | 生活在水资源短缺地区的人口数量 |
| | 周期性水资源短缺 | 每年经历干旱的可能性（12 个月标准地表径流指数＜ −1.5，持续至少 6 个月） | 人口数量 | 暴露于干旱（6 个月以上）的年均人数 |
| 河流洪水 | 河流洪水导致的损失 | 每年遇到 50 年一遇洪水的可能性 | 河流洪涝平原上居住的人口数量 | 暴露于河流洪涝的年均人数，假设没有防护措施 |
| 沿海洪水 | 沿海洪水导致的损失 | 可能经历 100 年一遇洪水的地区 | 沿海洪涝平原上居住的人口数量 | 年均遭受洪灾的人数，假设防护措施未得到改善 |
| 农业 | 生产损失（普遍） | 每年经历干旱的可能性（6 个月标准化降水蒸发指数＜ −1.5，持续至少 3 个月） | 农田面积 | 暴露于干旱的年均农田面积 |
| | | 每年遇到 30 年一遇洪水的可能性 | 农田面积 | 暴露于洪水的年均农田面积 |
| | 生产损失（玉米田） | 每年在生长期遇到持续高温天气（5 d 以上＞36℃）的可能性 | 玉米田面积 | 暴露于持续高温天气的年均玉米田面积 |
| | | 每年玉米繁殖期降水量低于平均值一个标准差的可能性 | 玉米田面积 | 降水量低于平均值一个标准差的年均农田面积 |

| 影响方面 | 风险 | 危害指标 | 暴露度指标 | 潜在影响指标 |
|---|---|---|---|---|
| 农业 | 生产损失（玉米田） | 每年作物持续期缩短超过 10 d 的可持续 | 玉米田面积 | 作物持续期缩短至少 10 d 的年均农田面积 |
| | | 每年生长期的平均气温＞23℃的可能性 | 玉米田面积 | 平均气温＞23℃的年均农田面积 |

### 3.3.3　全球尺度影响评估方法

海岸灾害和影响的指标取决于海平面上升幅度（包括沉降和均衡调整的影响）以及社会 - 经济的变化，可以使用 DIVA 建模框架对其进行评估（Hinkel，2005；Vafeidis et al.，2008）。其他指标的变化不仅取决于全球平均气温的变化，还取决于局部地区的气温、降水和其他相关气候变量的变化。此类指标的评估方法是将某年全球平均气温变化的概率分布（图 3-2）与描述全球平均气温变化与风险之间关系的损害函数（Arnell et al.，2016b）相结合。因为存在 23 个 CMIP5 气候模型（Osborn et al.，2016），所以在 23 种局部气候变化模式中的每一种都有单独的损害函数。损害函数的构建分两个阶段对 23 个模型逐一进行复制：第一阶段是通过重新调节全球气温变化的摄氏度显示模式来构建与全球平均气温逐步上升这一情况所对应的气候情景（Osborn et al.，2016）；第二阶段是使用危害和影响网格模型（Gridded Hazard and Impact Model）来估计每个上述场景中的危害和影响，并建立一个将危害和影响与全球平均气温变化进行关联的损害函数。时间与损害函数无关，但是与影响函数有关。由于暴露度会随时间变化，因而应对影响函数在不同的时间段进行单独计算，如气温升高 2 ℃对 2020 年和 2080 年的人口影响差异显著。

因此，在评估危害和影响的结果时需考虑某个排放途径的全球平均气温变化量的不确定性，以及与某个全球平均气温变化相关的区域气候变化因素。这一不确定性的表示方法是将中位数估值与估算的"低值"和"高值"共同显示："低值"和"高值"实际上是估值分布的 10%和 90%，但是不应对这些估值过于强调字面意义，因为估值分布并不一定会把所有潜在的不确定因素纳入其中。

假定 1981—2010 年的每个指标均代表基准气候条件（Harris et al.，2014），那么这些指标就可以描述这 30 年间平均产生的危害和影响，并且在这个年际均值周围的实际事件发生率均会有变化。

对于每个领域，我们都会用 2 幅图来描述其影响。对于每个指标而言，第 1 幅图显示了在低排放和高排放条件下整个 21 世纪的危害演变、超过某些规定水平的危害风险，以及排放情景和社会 - 经济情景对 2100 年的影响，还会显示 1960—2016 年所观测到的危害发生率（基于 CRU TS4.01 全球网格气候学：Harris et al.，2014），以及对 2010 年的估计影响。第 2 幅图显示了每个指标的危害空间分布，展现了 1981—2010 年基线期间以及 2050 年在高排放条件下的危害发生率，主要使用了 2 个参考气候模型情景。这 2 种模型是从 23 个 CMIP5 模式中选择出来的，旨在说明各地区危害变化的差异性和各个气候模型的差异性。

表 3-2 汇总了 2100 年高排放和低排放情景下的危害指标。

表 3-2 1981—2010 年的全球尺度危害指标以及 2100 年的气候（低排放和高排放情景）

| | 指标 | 1981—2010 年 | 2100 年：低排放情景 | 2100 年：高排放情景 |
|---|---|---|---|---|
| 极端热天气 | 高温热浪（至少 1 d）的出现概率 /% | 4.7 | 39（20 ～ 71） | 99（93 ～ 100） |
| | 暑热压力指数＞ 32℃的年均天数 /d | 0 | 0.05（0.02 ～ 0.26） | 6.4（1.7 ～ 25） |
| 水资源 | 水文干旱概率 /% | 5.9 | 7.9（6.5 ～ 10.3） | 11（8.5 ～ 13.0） |
| | 地表径流减少地区的面积百分比 /% | 0 | 13.5（5.9 ～ 24.8） | 35（25 ～ 44） |
| 河流洪水 | 洪水频率（大于 50 年一遇的概率）/% | 2 | 3.4（2.4 ～ 6.9） | 12.2（6.2 ～ 23.0） |
| 沿海洪水 | 遭受 100 年一遇洪水的地区 /（10³km²） | 641 | 790（755 ～ 842） | 896（845 ～ 976） |
| 农业 | 农业干旱概率 /% | 9.4 | 30（19 ～ 47） | 70（58 ～ 79） |
| | 洪水频率（大于 30 年一遇的概率）/% | 3.3 | 4.8（3.7 ～ 8.0） | 12.9（7.6 ～ 20.7） |
| | 玉米：持续热天气的频率 /% | 4.2 | 13.8（8.7 ～ 25.7） | 64（47 ～ 81） |
| | 玉米：降水减少概率 /% | 15 | 16.6（14.7 ～ 66.0） | 24（17.0 ～ 32） |
| | 玉米：作物持续期缩短概率 /% | 2.3 | 34（15 ～ 66） | 88（84 ～ 89） |
| | 玉米：生长季节温度＞ 23℃概率 /% | 46 | 63（55 ～ 77） | 94（89 ～ 97） |

注：表格显示了 2100 年的中位数估值以及高低范围（括号内）；表格中每个指标都代表超过 30 年的年均数据。

### 3.3.4 极端热天气

图 3-5 显示了与极端热天气有关的全球影响变化，重点聚焦于高温热浪天数和具有挑战性的户外工作天数。高温热浪的天数近年来有所增加，符合气候预测的方向，但是我们无法根据目前的经验推断未来的影响。在全球尺度内，具有高暑热压力指数的天数目前还为数不多，但是在高排放情景下将会增长得非常迅速。到 2100 年，受极端热天气影响的人数和比例在各个社会 - 经济情景之间差异显著。

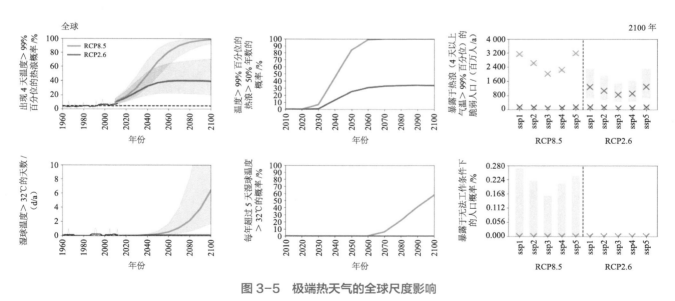

图 3-5 极端热天气的全球尺度影响

注：左图显示了整个 21 世纪的危害变化与观测到的危害发生率；中图显示了超过某些规定阈值的危害风险；右图显示了 2100 年在 2 种排放情景和 5 种社会 - 经济情景下对人类社会的影响，其中，× 代表 2100 年影响的中位数估值，× 代表 2010 年的影响，× 代表气候保持在 1981—2010 年的水平将给 2100 年带来的影响。

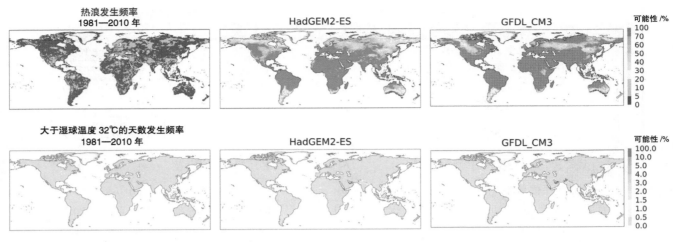

**图 3-6 极端热天气危害发生率的地理分布**

注：左图显示了 1981—2010 年气候下的极端热天气危害发生率的地理分布，中图和右图是根据 2 个气候模型样例分别预测的高排放情景下 21 世纪 50 年代的 2 类改变模式。

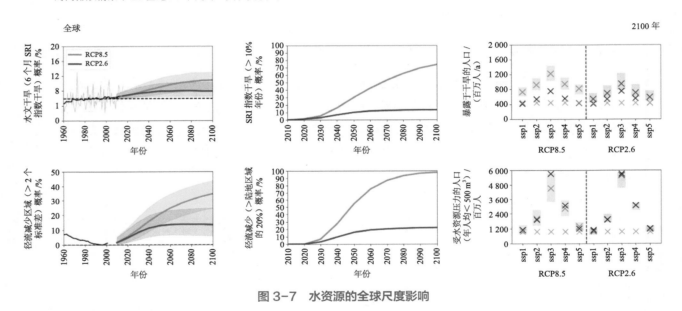

**图 3-7 水资源的全球尺度影响**

注：本图是理解图 3-5 的关键。

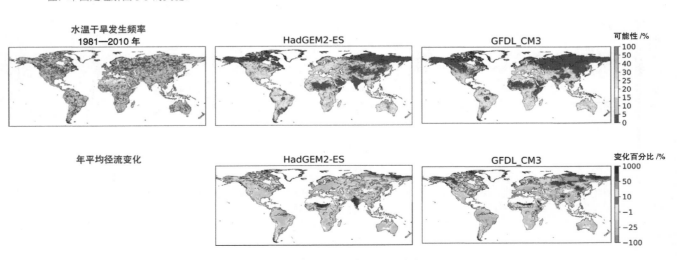

**图 3-8 水资源危害的地理分布**

注：左图为 1981—2010 年分布情况，中图和右图是根据不同气候模型预测的高排放情景下 21 世纪 50 年代的变化情况。

不同空间的气候变化影响差异较大，如图 3-6 所示。它显示了高温热浪的频率和暑热压力指数 > 32℃的天数，以及 2050 年在高排放情景下的 2 类参考性气候模式。除了高纬度地区以外的大多数地区，包括东亚和南美部分地区在内，每年至少出现一次高温热浪的频率增至 70%以上。即使到了 2050 年，较高的暑热压力指数在大多数地区依然非常罕见，但其发生在南亚和中东部分地区的频率会大大增加（注意这 2 类气候模式的区别）。

## 3.3.5 水资源

图 3-7 显示了与气候变化对水资源影响相关的 2 个指标。与 1981—2010 年的平均值相比，地表径流出现显著下降的区域在 21 世纪一直呈增加趋势。在此情况下，观测值代表 30 年的移动平均值，而非年度数值（因为该指标代表长期平均的地表径流）。与干旱指标一样，至少在 21 世纪 30 年代之前地表径流出现显著减少的地区要比预计的多，但是代际变率的差异相当显著。从全球来看，2100 年因气候变化影响导致生活在缺水流域的人数要比 1981—2010 年气候状况下的人数要少得多，各社会 - 经济情景之间有很大差异，这主要是因为南亚和东亚一些人口稠密的缺水流域预计地表径流会出现增加的现象（图 3-8）。全球尺度的水文干旱风险出现增加，在低排放情景下风险较小。观测到的水文干旱频率比这 2 种预测条件下的增长更快，但是年际变率的差异相当显著。如何对社会 - 经济情景做出假定，将在很大程度上决定暴露于干旱的人口数量。

## 3.3.6 河流洪水

河流洪水的危害发生率、风险和影响的预计变化如图 3-9 所示。在全球尺度下，整个 21 世纪的风险都在增加，如何对社会 - 经济情景做出假定将在很大程度上决定 2100 年的影响结果。目前观测到的河流洪水的频率变化不大（30 年移动平均值），至少到 2030 年前根据气候变化预测其在全球尺度内不会有太大变化。河流洪水风险变化的地理分布如图 3-10 所示（1981—2010 年的频率为 2%）。在世界部分地区，50 年一遇洪水的频率有所下降，但在其他地区（特别是在南亚和东亚）则有所增加。

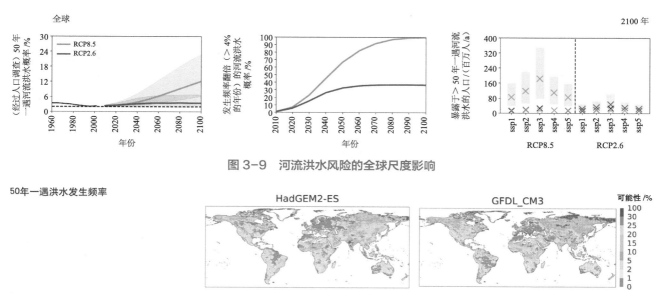

图 3-9　河流洪水风险的全球尺度影响

图 3-10　河流洪水风险发生率的地理分布

注：图中显示了基于 1981—2010 年的气候态（频率为 2%），根据不同气候模型预测的高排放情景下 21 世纪 50 年代的洪水发生率。

UK-China
Cooperation on
58 / 中－英合作气候变化风险评估
——气候风险指标研究
Climate Change Risk Assessment:
Developing Indicators of Climate Risk

### 3.3.7　沿海洪水

　　全球尺度下的沿海洪水风险如图 3-11 所示。由于我们仅针对 2 种排放情景使用了低、中和高海平面预测来构建沿岸影响，因此无法对超过阈值的影响风险做出估计。100 年一遇洪水淹没的地区在整个 21 世纪显著增加，但是这 2 种排放情景的结果大体相同，因为它们各自的海平面情景非常类似（因为全球变暖需要一定时间之后才能导致海平面上升，这种现象被称为海平面上升的持续性）。受沿海洪水影响的年平均人口数量因社会 - 经济情景导致的变化要远大于因海平面情景导致的变化。即使海平面没有上升，大片土地（约 $640×10^3 km^2$）仍然暴露于洪水的威胁下（图 3-11 的黑色虚线）。即便未来的海平面不再上升，仅考虑陆地平面的变化（图 3-11 黑色实线），成千上万的人口仍然面临洪灾风险。实际上，由于经济增长和海平面上升，沿海地区的防洪水平会随时间而逐渐提高，所以这个指标描述了潜在影响的程度，而非实际影响的程度，因而无法根据这个指标绘制描述影响分布的图形。

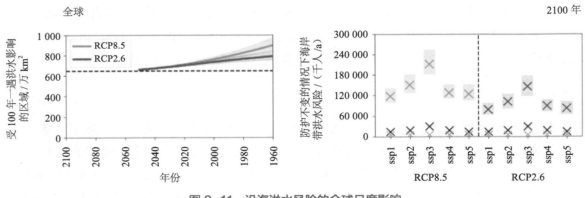

**图 3-11　沿海洪水风险的全球尺度影响**

### 3.3.8　农业

　　图 3-12 显示了 6 个农业指标全球尺度危害的频率、风险和影响。在此情况下，假定农田面积始终保持固定，不会随社会 - 经济情景而变化。对于所有指标而言，无论是低排放情景还是高排放情景，气候变化的后果均非常不利。干旱和洪水的可能性将大大增加，更高的气温意味着极端高温和累积温度的频率将不断增加。气候变化对玉米繁殖期枯水年发生率的影响要更为复杂。在各个情景下，观测到的危害频率与危险变化率大体一致，与其他指标一样，我们也无法对其未来影响的程度进行评估。

　　农业危害变化的地理变异性如图 3-13 所示。几乎所有地区的农业干旱频率均在增加（但东亚部分地区除外，预计降雨量将大幅度增加），大部分地区农田的洪水风险增加，只有小部分地区有所减少。在北美、南美、西亚和非洲萨赫勒地区，影响玉米产量的持续高温天气的频率增幅最大。东亚大部分地区的变化相对不大，但部分地区的频率增长非常显著。繁殖季节降水减少的可能性因地区而异，且在 2 个代表性气候模型之间区别明显。除南亚和萨赫勒地区外，大多数地区作物持续期减少 10 d 以上的可能性概率增加。在热带玉米产区，生长季节气温超过 23 ℃的可能性有所增加，但在温带玉米产区则变化不大。

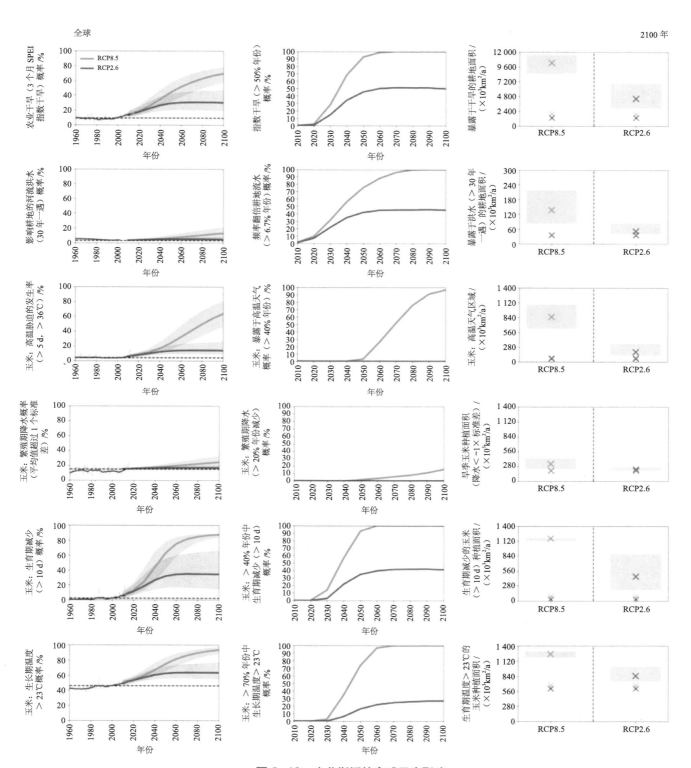

图 3-12　农业指标的全球尺度影响

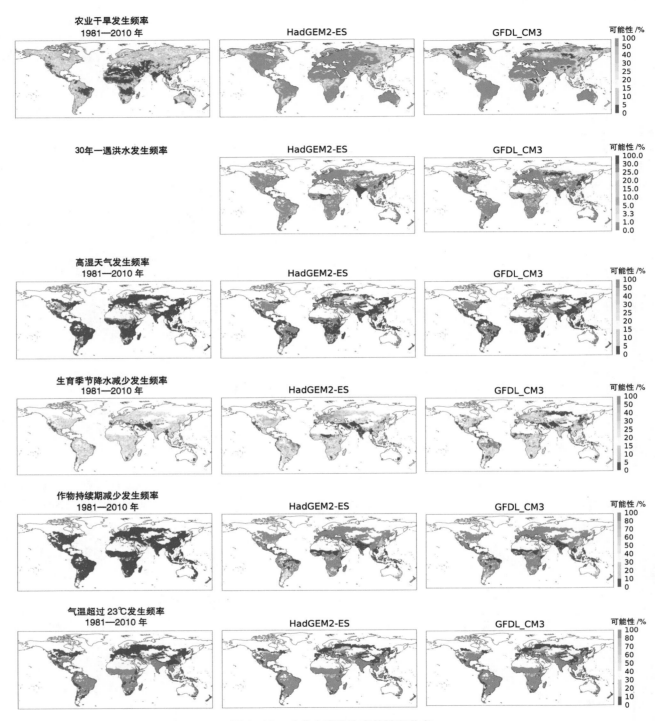

图 3-13　农业灾害发生率的地理分布

注：左图为 1981—2010 年分布情况，中图和右图是基于 1981—2010 年气候态（洪水频率为 3.33%），根据不同气候模型预测的高排放情景下 21 世纪 50 年代的变化情况。

# 3.4 中国尺度的直接风险

## 3.4.1 引言

本节概述了中国尺度下气候变化所带来的直接风险，介绍了实质危害的变化以及危害和暴露度发生变化后带来的综合影响，探讨了与 3.3 节（全球尺度）所述的相同部门，指标虽然类似，但并非完全一致，因为具体的指标仅适用于具体的局部情景，还重点介绍了中国各地之间影响差异的重要性。

本节同样按照全球尺度下的低排放和高排放情景评估了危害和风险，但是采用的方法略有不同，下文将详细叙述。

## 3.4.2 指标

表 3-3 汇总了按中国尺度计算的相关风险指标。

表 3-3 按中国尺度计算的风险指标

| 部门 | 风险 | 危害指标 | 暴露度指标 | 潜在影响指标 |
|---|---|---|---|---|
| 极端热天气 | 健康影响 | 年均最高气温 | — | — |
| | | 最高日气温 > 35℃ 的年均天数 | — | — |
| | | 年均连续 5 d 以上 > 35℃ 的热浪次数 | — | — |
| 水资源 | 周期性水资源短缺 | 每年经历干旱的可能性（12 个月标准降水蒸发指数 < -1.5，持续至少 6 个月） | 人口数量 | 暴露于干旱的年均人数 |
| | 持续性水资源短缺 | 冰川储量 | | |
| | | 区域总水资源量 | 人口数量 | 人均资源 |
| | | | 人口数量 | 居住在缺水流域的人口数量 |
| 河流洪水 | 河流洪水导致的损失 | 可能经历 100 年一遇洪水的地区 | 居住在沿海危害地区的人口数量 | 暴露于 100 年一遇洪水的人口数量 |
| | | 可能经历 100 年一遇洪水的地区 | 沿海危害地区的国内生产总值 | 暴露于 100 年一遇洪水的 GDP |
| 农业 | 生产损失（水稻） | 每年发生热损害的可能性 | 水稻田面积 | 暴露于热损害的年均水稻田面积 |
| | 生产损失（冬小麦） | 每年在生长期发生洪涝的可能性 | 冬小麦农田面积 | 暴露于洪涝的年均冬小麦农田面积 |

注：表中并未计算每个危害指标的影响指标。

### 3.4.3 方法综述

极端热天气指标直接根据 20 余个 CMIP5 集合气候模型计算得出。水资源指标根据 ISIMIP 地表径流数据集（Schewe et al., 2014）计算得出，包括来自 5 个 CMIP5 气候模型和 4 个水文模型的预测。未来的冰川是将观测到的当前冰川特征和 Kraaijenbrink 等（2017）所预测的变化进行结合后做出的预测。农业指标根据 16 个 CMIP5 模型计算得出。针对已经定义的海平面上升带来的沿海地区影响，则根据 30 m 分辨率的地形格点数据、人口格点数据以及 GDP 数据等要素做出评估。

中国尺度分析采用 1986—2005 年作为气候参考期，与全球尺度分析采用的 1981—2010 年参考期相比几乎没有什么差别。

表 3-4 显示了中国尺度的危害指标，可与表 3-2 的全球指标进行比较。

表 3-4  1986—2005 年的中国尺度危害指标以及 2100 年的气候（低排放和高排放情景）

| | 指标 | 1986—2005 年 | 2100 年：低排放情景 | 2100 年：高排放情景 |
|---|---|---|---|---|
| 极端热天气 | 年均最高气温 /℃ | 31 | 32.5（32.0～33.0） | 36.8（35.8～37.8） |
| | 最高气温＞35℃的年均天数 /d | 9 | 14（11～19） | 34（27～44） |
| | 出现连续 5 d 以上 35℃的年均热浪次数 /（次 /a） | 3 | 4.8（4～6） | 11（8～15） |
| 水资源 | 冰川质量减少概率 /% | 0 | 30（25～35） | 64（59～69） |
| | 全国水资源 /（10⁹m³/a） | 3 055 | 3 210（2 884～3 483）* | 3 323（2 834～3 736）* |
| 沿海洪水 | 遭受 100 年一遇洪水的地区 /（10³km²） | 84.2 | | 99.2** |
| 农业 | 暴露于干旱的农业用地 /（10³km²/a） | 345 | 481（393～523） | 703（531～867） |
| | 水稻：每年发生热灾害的概率 /% | 19 | 22（3～45） | 60（17～80） |
| | 小麦：每年发生洪涝灾害的概率（幼苗期）/% | 59 | 45（28～80） | 40（22～65） |
| | 小麦：每年发生洪涝灾害的概率（出穗 - 灌浆期）/% | 74 | 70（42.5～80） | 65（38～75） |

注：对于 2100 年的数据，表中显示了中位数以及高低范围（括号内）；* 代表 2099 年数据，** 代表 2050 年数据。

### 3.4.4 极端热天气

图 3-14 显示了 21 世纪末中国年均最高气温、最高气温＞35℃（热天）的年均天数以及出现连续 5 d 以上 35℃（高温热浪）的年均热浪次数（Xu et al., 2015）。在高排放情景下，最高气温比 1986—2005 年高出约 5.8℃，每年气温高于 35℃的天数约多出 25 d，热浪发生频率约高出 8 倍。

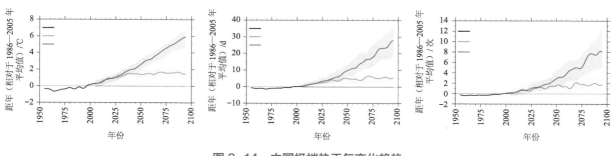

图 3-14　中国极端热天气变化趋势

注：左图显示了中国年均最高气温，中图显示了最高气温 >35℃的年均天数，右图显示了出现连续 5 d 以上 35℃的年均热浪次数；黑线代表 1986—2005 年观测到的异常现象平均值。

中国各地的热天和热浪频率的变化各不相同（图 3-15）。西北盆地和华南地区的热天增幅最大，青藏高原和东北地区的热天增幅较低。西北流域和长江下游地区的热浪频率增幅最大。在最高气温增幅方面，各地区差异不大。

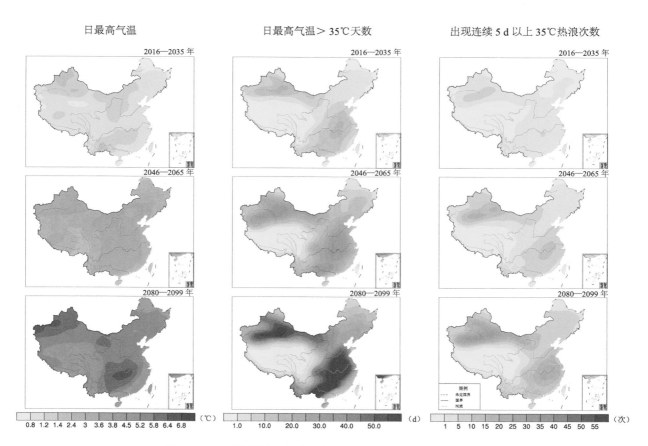

图 3-15　高排放情景下中国各地区极端热天气变化情况

注：以上模式是基于 1986—2005 年平均值，根据 20 余个气候模型计算得出的极端热天气未来变化的平均数。

### 3.4.5 水资源

　　中国每年的人均水资源数量大约是全球平均水平的 25%（Qin et al., 2015），污染情况进一步限制了可用的水资源数量。与其他国家一样，中国的水资源分布无论在空间还是时间上都变化极大。中国部分地区的自然资源丰富，但是其他地区则处于干旱缺水的环境下，中国北方要比南方干旱得多。这种不均衡的水资源分布，以及众多的人口、匮乏的城市基础设施和管理不善等因素导致了中国 2/3 以上的地区缺水。冰川融水对中国西部干旱地区发挥着举足轻重的作用（中国国家气候变化专家委员会，2015）。

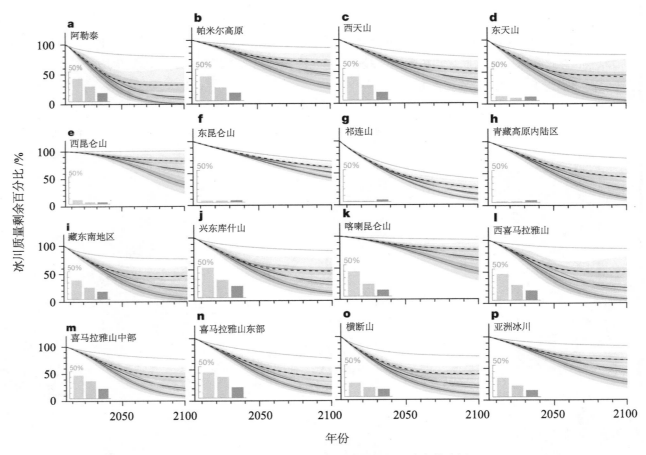

**图 3-16　未来减少的冰川质量和砾石遍布的冰川**

注：图 a～图 o 显示了 RCP 情景下对喜马拉雅山脉各地区冰川质量减少的预测，图 p 显示了整个喜马拉雅山脉的冰川质量的减少情况；此图是根据目前的气候以及 6 个预测 21 世纪末将升温 1.5℃ 的模型做出的（Kraaijenbrink et al., 2017）。

　　自 20 世纪 90 年代以来，中国西北部的大部分冰川正在迅速消退，尤其是青藏高原地区。图 3-16 显示了在不同气候变化速度的情景下，喜马拉雅山脉各个地区冰川质量预计的变化情况（Kraai jenbrink et al., 2017）。各地区受到的影响各异，到 2100 年祁连山、西天山、藏南、藏东、喜马拉雅山脉西部以及吉萨尔 - 阿莱山脉的冰川将经历整个世纪最严重的消退。冰川融化后，地表径流最初会呈现增加状况，这是因为水将从长期储存的冰川中释放而出。但是，随着冰川规模的不断收缩和融冰体积的逐渐减小，将会达到某个融化水量低于当前水量的临界点，被称为"冰川拐点"（Chen et al., 2014）。以上情况会发生在 21 世纪 50 年代后期的盆地，此类地区具有较大的冰川，冰层覆盖率较高。较小的冰川盆地已经过了临界点，冰川径流正在减少。例如，祁连山北大河的径流量将以 0.013 亿～ 0.016 亿 $m^3/a$ 的速度持续减少，祁连山石羊河的临界点已经出现，在 21 世纪的径流总量将继续下降（Zhang et al., 2015）。对于其他集水区而言，谈论临界点为时尚早。例如，与 1961—2006 年观测的径流量相比，叶尔羌河 2011—2015 年的冰川径流量将增加 13% ～ 35%（Zhang et al., 2012）。在库玛拉克河流域，2050 年的冰川面积将比 1984—1985 年和 2006—2007 年减少约 25%，但其冰川径流量将增加约 11.6%（Zhao et al., 2015）。在塔里木河盆地，冰川融水占地表径流的比例很高（有时高达 50%），并将在 2050 年之前持续增加（Chen et al., 2014；Huss 和 Hock，2018）。冰川径流对黄河和长江的流量贡献不大（Huss 和 Hock，2018）。

中国目前的水资源总量（1986—2005 年）为 3.055 万亿 $m^3/a$，华南的水资源量最大（图 3-17）。在大多数情景下，21 世纪可用的水资源总量都处于增加态势（图 3-18），但是仍存在相当大的不确定性范围。预计华北、西北和青藏高原的水资源量将有所增加（图 3-19），但是东北和长江以南省份的水资源量将出现减少。

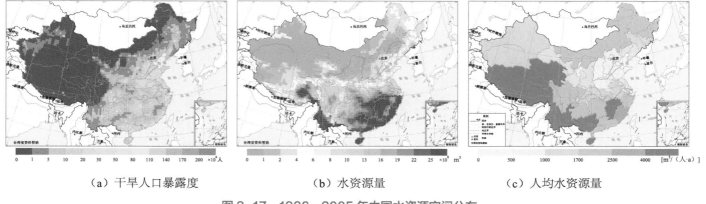

（a）干旱人口暴露度　　　　　　（b）水资源量　　　　　　（c）人均水资源量

图 3-17　1986—2005 年中国水资源空间分布

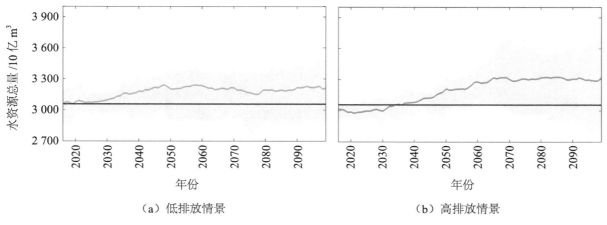

（a）低排放情景　　　　　　　　　　（b）高排放情景

图 3-18　低排放和高排放情景下的水资源总量变化

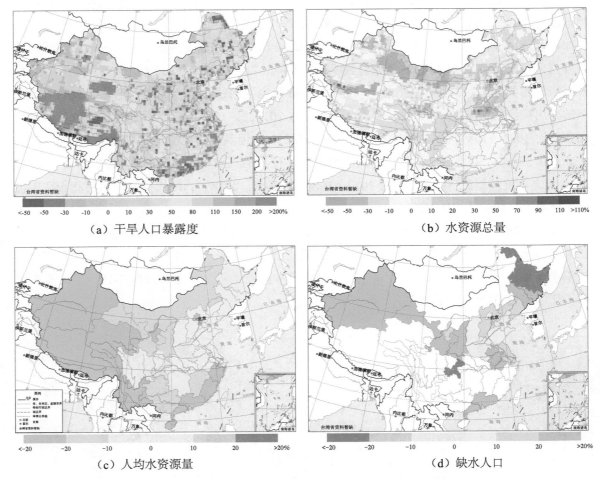

（a）干旱人口暴露度

（b）水资源总量

（c）人均水资源量

（d）缺水人口

**图 3-19 高排放情景下 2016—2035 年气候变化对中国水资源的影响**

注：图中显示了相对于基准期（1986—2005 年）水资源变化的空间分布；干旱人口暴露度、人均水资源量以及缺水人口均假设在 SSP2 路径的社会 - 经济情景下。

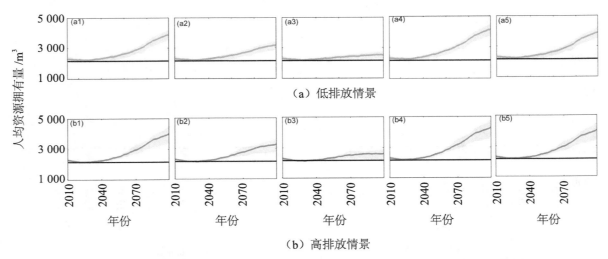

（a）低排放情景

（b）高排放情景

**图 3-20 低排放和高排放情景下中国人均水资源的 5 种共享社会 - 经济路径**

中国人均水资源拥有量为 2 152 m³/a，但各区域间差异较大（图 3-17）。北京、河北、天津、山西、宁夏、河南和山东等省（市、区）的人均水资源拥有量低于 500 m³/a，而华南地区则超过 3 000 m³/a。在全国尺度的低排放和高排放情景下，人均水资源拥有量有所增加，但是因不同的社会 - 经济情景而各异（图 3-20）。

当年均径流量低于 500 m³/ 人时，可认为该地区严重缺水，在 1986—2005 年有 3.19 亿人生活在严重缺水的省份（图 3-17）。缺水人口数量会一直增加至 21 世纪 40 年代，之后在所有社会 - 经济情景下会随着人口减少而降低（图 3-21）。中国北部的新疆、甘肃以及南部的广东缺水人口数量将翻一番，并且整个中国北部地区的缺水人口将增加 50%（图 3-19）。

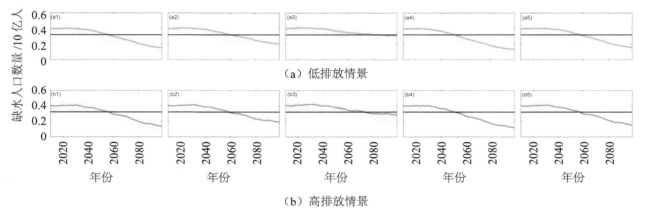

图 3-21　低排放和高排放情景下中国缺水人口的 5 种共享社会 − 经济路径

根据标准降水蒸发指数（SPEI）[①] 对干旱程度的定义，1986—2005 年，年均暴露于干旱条件下的人数约为 2.49 亿人，大多数位于华北平原、华中和华东地区（图 3-17）。未来的危害暴露度取决于气候变化以及人口变化（图 3-4）：预计中国人口将于 21 世纪 40 年代达到高峰，随后开始下降，但在不同的社会 - 经济情景中会以不同的速度下降。图 3-22 显示了整个 21 世纪暴露于干旱条件的人数变化。在高排放以及 3 种社会 - 经济情景下，暴露于干旱条件的人数将于 21 世纪 40 年代达到高峰，与 SSP2 情景下的 21 世纪 40 年代相比大致不变，但在 SSP3 情景下会继续增加至 4.49 亿人，这一情景包括气候变化和人口变化的效应。图 3-19 显示了 2016—2035 年在高排放情景下暴露于干旱条件的人数变化，增幅最大的地区是中国的西南、西北和华南。

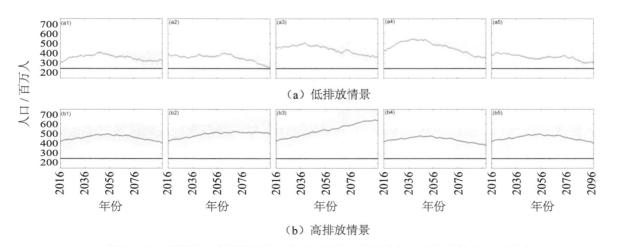

图 3-22　低排放和高排放情景下中国干旱人口暴露度的 5 种共享社会 − 经济路径

① 该指数与全球尺度分析的指数有所不同，后者采用了标准径流指数。

### 3.4.6 沿海洪水

图 3-23 显示了 3 个沿海地区（黄 - 渤海、东海和南海）的海平面上升，以及整个中国沿海的平均海平面情况。相较于 1986—2005 年，2100 年的东海海平面在高排放情景下将上升 80 cm（47 ～ 122 cm），升幅为 3 个沿海地区之首；而整个中国沿海海平面的平均升幅为 77 cm（52 ～ 109 cm），与全球平均水平相近（图 3-3）。

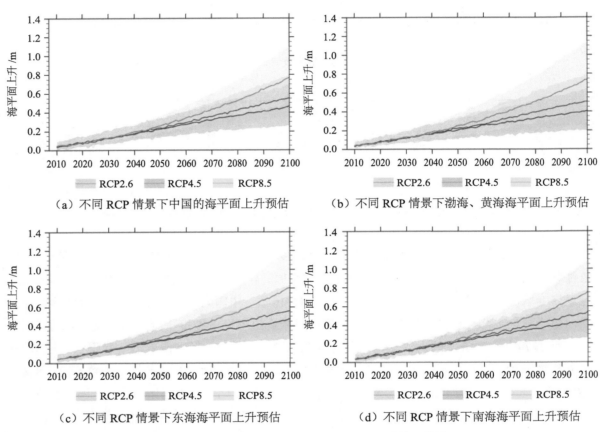

（a）不同 RCP 情景下中国的海平面上升预估　　（b）不同 RCP 情景下渤海、黄海海平面上升预估

（c）不同 RCP 情景下东海海平面上升预估　　（d）不同 RCP 情景下南海海平面上升预估

图 3-23　各海域的海平面上升及中国整个沿海地区的情况

图 3-24 显示了 2050 年高排放情景下 100 年一遇洪水的风险暴露区域（未考虑海岸防护堤的保护）总面积为 99 229 km²（海平面上升约 25 cm），而 2010 年为 84 237 km²（未考虑局部沉降）。

2010 年、2030 年和 2050 年风险暴露区域（遭受 100 年一遇洪水威胁）的人口数量和 GDP 如图 3-25 所示。2010 年约有 8 600 万人暴露于 100 年一遇洪水的威胁，对应的国内生产总值为 57.322 万亿元。人口增长相对缓慢（在 SSP5 情景下，到 2050 年最多增长 26%），但是所受威胁地区的国内生产总值的增幅却非常显著，4.3 ～ 5.6 倍。此类增幅大部分发生在 2030 年之前。

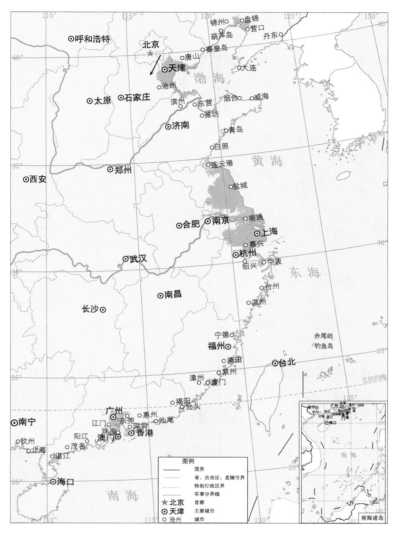

图 3-24  2050 年高排放情景下 100 年一遇洪水的风险暴露区域（海平面上升约 25 cm）

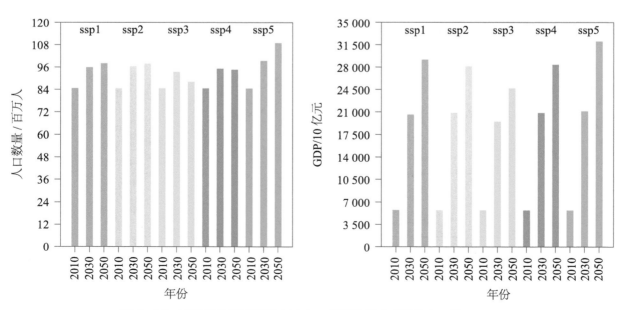

图 3-25  高排放情景下遭受 100 年一遇沿海洪水威胁的人口数量和 GDP

70 /
中－英合作气候变化风险评估
——气候风险指标研究

UK-China
Cooperation on
Climate Change Risk Assessment:
Developing Indicators of Climate Risk

### 3.4.7 农业

气候变化对农业的影响表现在干旱暴露度的变化、水稻和冬小麦潜在产量的变化。

根据标准降水蒸发指数对干旱程度的定义，在1986—2005年约34.5万km²的农田遭受了干旱的侵袭，其中大部分位于华东地区（图3-26）。

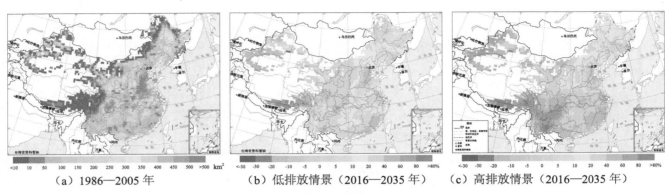

（a）1986—2005年　　　　（b）低排放情景（2016—2035年）　　　　（c）高排放情景（2016—2035年）

**图3-26　低排放和高排放情景下暴露于干旱的农田**

无论在低排放还是高排放情景下，干旱面积均将明显增加（图3-27），但是存在相当大的不确定性范围，尤其是在高排放情景下。到21世纪末，受干旱影响的农田面积可能增加至48.12万km²（低排放情景）或70.31万km²（高排放情景）。

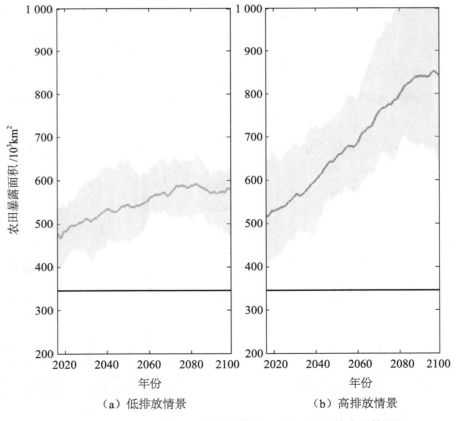

（a）低排放情景　　　　　（b）高排放情景

**图3-27　低排放和高排放情景下暴露于干旱的农田总面积**

水稻是中国最重要的粮食作物之一，其种植面积约占粮食作物种植总面积的 30%，并提供大约一半的粮食产量。目前，我国双季稻产地主要集中在长江中下游的 9 个省份，即湖北、安徽、浙江、湖南、江西、福建、广东、广西和海南。这 9 个省份的双季稻播种面积占中国总播种面积和产量的 99% 以上。长江中下游地区既生产单季稻也生产双季稻，种植面积和总产量占全国水稻的 50% 以上。

水稻产量主要受热害影响。图 3-28 显示了长江中下游地区 21 世纪末的单季稻在低排放和高排放情景下的热害发生概率。1986—2005 年热害的发生概率约为 20%（四分位统计范围 10% ~ 30%），而在高排放情景下将增至 60% 左右（四分位统计范围 40% ~ 72%）。双季稻的热害发生概率略低于单季稻，但在高排放情景下仍将显著增加。图 3-29 显示了未来单季稻、双季早稻和双季晚稻热害发生概率大于 50% 面积及占比。水稻对低温也非常敏感，但是比高温影响的风险要小，而且这一风险在整个 21 世纪会有所降低。

小麦是中国的第二大粮食作物，年种植面积占耕地总面积的 22% ~ 30%，占粮食作物总面积的 20% ~ 27%。其中，冬小麦的面积最大，占小麦总播种面积的 80% 以上。北方冬小麦产区延伸至长城以南、六盘山以东和秦岭—淮河以北的省份，即山东、河南、河北、山西和陕西。这是中国最大的小麦生产和消费地区，小麦播种面积和产量占全国总产量的 2/3 以上。南方冬小麦产区主要分布在秦岭—淮河以南、横断山脉以东，其中安徽、江苏、四川、湖北为主要产区。

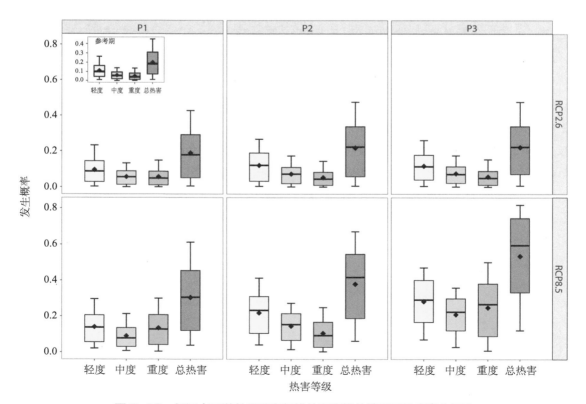

图 3-28　长江中下游单季稻在低排放和高排放情景下热害发生概率

注：P1 为 2016—2035 年，P2 为 2044—2065 年，P3 为 2081—2100 年，小插图代表参照期（1986—2005 年）热害发生概率；盒形图从上到下的黑线分别表示发生概率的 95%、75%、50%、25% 和 5% 的分位数，黑色圆点表示平均值。

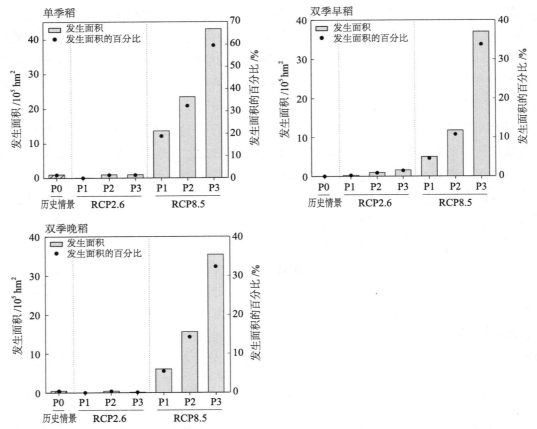

图 3-29　RCPs 情景下 21 世纪单季稻、双季早稻和双季晚稻总热害发生概率大于 50% 面积及占比

注：P1 为 2016—2035 年，P2 为 2046—2065 年，P3 为 2081—2100 年。

　　冬小麦产量主要受洪涝和干旱的影响。在冬小麦的幼苗和出穗－灌浆期，南方麦区冬小麦发生涝渍的可能性很高（在当前气候条件下分别约为 40% 和 75%），并且随着气候变化而略有减少（图 3-30）。因此，冬小麦涝渍发生概率大于 50% 的区域也会随气候变化而减少（图 3-31）。干旱冬小麦涝渍发生概率在关键生育期也会随气候变化略有下降。

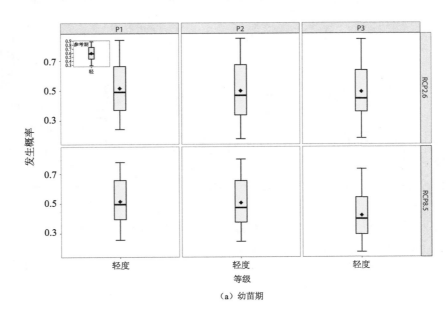

（a）幼苗期

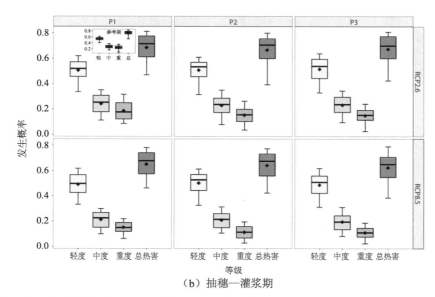

（b）抽穗—灌浆期

**图 3-30　在低排放（RCP2.6）和高排放（RCP8.5）情景下南方冬小麦涝渍发生概率**

注：P1 为 2016—2035 年，P2 为 2044—2065 年，P3 为 2081—2100 年，小插图代表参考期。

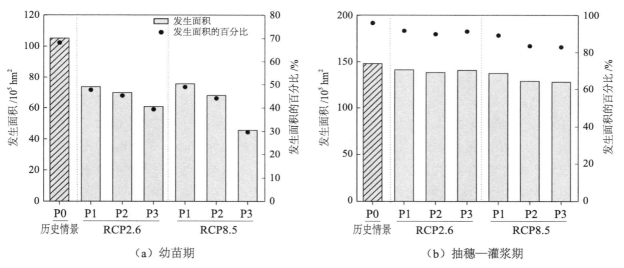

（a）幼苗期　　　　　　　　　　　　　　（b）抽穗—灌浆期

**图 3-31　RCPs 情景下南方麦区冬小麦涝害发生概率大于 50% 的面积及占比**

注：P1 为 2016—2035 年，P2 为 2044—2065 年，P3 为 2081—2100 年。

# 3.5　概述与总结

本章研究了气候变化带来的潜在直接影响，重点分析了极端热天气、水资源、河流洪水 / 海岸洪水和农业等方面，采用了描述未来高 / 低温室气体排放的一致情景，以探讨全球尺度和中国尺度的影响。所谓影响，集中了实质危害、暴露度和脆弱性 3 个方面的变化。本章聚焦于实质危害的变化以及危害和暴露度变化带来的综合影响，但是并未阐述脆弱性的驱动因素变化。

在本章所探讨的高排放情景下，2100 年全球平均气温和平均海平面的增幅中位数估值分别约为 5℃和 80 cm。然而，上升幅度可能还要远高于此，气温和海平面"最坏情况"的增幅可能是 7℃和 100 cm。

在全球尺度下，合理估计的"最坏情况"影响将极具挑战性。每年将至少发生一次高温热浪（相比之下目前约为 5%）。全球平均水文干旱的频率翻了一番，出现农业干旱的可能性增加了近 10 倍。河流洪水的频率增加了 10 倍，出现 100 年一遇洪水的沿海地区增加了 50%。大约 80% 的年份将出现威胁玉米生产的高温（相比之下目前约为 4%），在 90% 以上的年份中玉米成熟所需的时间将大为减少，从而显著降低了产量。对人类的影响（暴露在高温热浪、干旱和洪水中的人口）将取决于社会 - 经济情景：与当前相比，在高人口情景下影响的增幅可能非常巨大。

当然，各地区之间的气候变化影响存在相当大的差异，尽管将全球大多数影响指标合计后显示的影响极为不利，但气候变化的确减少了给部分地区带来的危害。

从中国范围来看，21 世纪末高温热浪的数量可能会增加 3 倍，冰川质量可能将减少近70%，并影响中国西部水资源紧张地区的水资源可用性。整个中国的降雨量增加表明全国的径流总量有可能增加（尽管减少也是合理的），但是中国各地的降雨量差异很大。暴露于干旱的年均农田面积很可能会增加 2.5 倍以上。80% 的年份（目前为 20%）发生热损害的可能性会大幅增加，水稻生产可能受到显著影响，对小麦产量的影响要更为复杂。

## 参考文献

[1] ARNELL N W, et al. The impacts of climate change across the globe: a multi-sectoral assessment[J]. Climatic Change, 2016a, 134: 457-474.

[2] ARNELL N W, et al. Global-scale climate impact functions: the relationship between climate forcing and impact[J]. Climatic Change, 2016a, 134: 475-487.

[3] BETTS R A , ALFIERI L , BRADSHAW C , et al. Changes in climate extremes, fresh water availability and vulnerability to food insecurity projected at 1.5℃ and 2℃ global warming with a higher-resolution global climate model[J]. Philosophical Transactions of the Royal Society A: Mathematical, Physical and Engineering Sciences, 2018, 376(2119):20160452.

[4] CHEN Y, LI Z, FAN Y, et al. Research progress on the impact of climate change on water resources in the arid region of Northwest China[J]. Acta Geographica Sinica, 2014, 69(9):1295-1304.

[5] CHURCH J A & WHITE N J. Sea-level rise from the late 19th to the early 21st century[J]. Surveys of Geophysics, 2011, 32: 585-602.

[6] HARRIS I, et al. Updated high-resolution grids of monthly climatic observations – the CRU TS3.10 dataset[J]. Int. J. Climatol, 2014, 34: 623-642.

[7] HINKEL J. DIVA: an iterative method for building modular integrated models[J]. Advances in Geosciences, 2005, 4: 45-50.

[8] HUSS M & HOCK R. Global-scale hydrological response to future glacier mass loss[J]. Nature Climate Change, 2018, 8: 135-140.

[9] FIELD C B, et al. (eds). IPCC. Managing the risks of extreme events and disasters to advance climate change adaptation[M]. Cambridge: Cambridge University Press, 2012.

[10] STOCKER T F, et al. (eds). IPCC. Climate Change 2013: The Physical Science Basis: Contribution of Working Group I to the Fifth Assessment Report of the Intergovernmental Panel on Climate Change[M]. Cambridge: Cambridge University Press, 2013.

[11] FIELD C B, et al. (eds). IPCC. Climate Change 2014: Impacts, Adaptation and Vulnerability. Part A: Global and sectoral aspects: Contribution of Working Group II to the Fifth Assessment Report of the Intergovernmental Panel on Climate Change[M]. Cambridge: Cambridge University Press, 2014.

[12] JIANG T, ZHAO J, JING C, et al. National and provincial population projected to 2100 under the shared socioeconomic pathways in China[J]. Climate Change Research, 2017, 13(2):128-137 (in Chinese).

[13] JIANG T, ZHAO J, CAO L, et al. Projection of national and provincial economy under the shared socioeconomic pathways in China[J]. Climate Change Research, 2018, 14(1):50-58 (in Chinese).

[14] KING D, SCHRAG D, DADI Z, et al. Climate Change: A Risk Assessment[M]. Cambridge: Centre for Science and Policy, University of Cambridge, 2015.

[15] KRAAIJENBRINK P D A, et al. Impact of a global temperature rise of 1.5o Celsius on Asia's glaciers[J]. Nature, 2017, 549: 257-260.

[16] LOWE J A, et al. How difficult is it to recover from dangerous levels of global warming?[J]. Environ. Res. Lett., 2009, 4: 014012.

[17] National Climate Change Committee. The Third National Assessment Report of the Climate Change Committee[M]. Beijing: Science Press, 2015.

[18] O' NEILL B C, et al. The roads ahead: narratives for shared socioeconomic pathways describing world futures in the 21st century[J]. Global Environmental Change, 2017, 42: 169-180.

[19] O' NEILL B C, et al. The Benefits of Reduced Anthropogenic Climate Change (BRACE): a synthesis[J]. Climatic Change, 2018, 146: 287-301.

[20] OSBORN T J, et al. Pattern-scaling using ClimGen: monthly-resolution future climate scenarios including changes in the variability of precipitation[J]. Climatic Change, 2016, 134: 353-369.

[21] QIN D H, ZHANG J Y, SHAN C C, et al. China National assessment report on risk management and adaptation of climate extremes and disasters[M]. Beijing: Science Press, 2015.

[22] SCHEWE J, et al. Multi-model assessment of water scarcity under climate change[J]. Proceedings of the National Academy of Sciences, 2014, 111: 3245-3250.

[23] TAYLOR K E, STOUFFER R J & MEEHL G A. An overview of CMIP5 and the experimental design[J]. Bull. Am. Met. Soc., 2012, 93: 485-498.

[24] UNISDR. United Nations International Strategy for Disaster Risk Reduction, Terminology on Disaster Risk Reduction[R]. (2009). www.unisdr.org/eng/library/lib-terminology-eng.htm.

[25] VAFEIDIS A T, et al. A new global coastal database for impact and vulnerability analysis to sealevel rise[J]. Journal of Coastal Research, 2008, 24: 917-924.

[26] VAN VUUREN D P, et al. The representative concentration pathways: an overview[J]. Climatic Change, 2011, 109: 5-31.

[27] WARSZAWSKI L, et al. The Inter-Sectoral Impact Model Intercomparison Project (ISI-MIP): project framework. Proc[J]. Nat. Acad. Sci., 2014, 111: 3228-3232.

[28] WIGLEY T M L & RAPER S C B. Interpretations of high projections for global mean warming[J]. Science, 2001, 293: 451-454.

[29] XU, et al. An atlas of the projection of climate extremes over China[M]. Beijing: China Meteorological Press, 2015: 175.

[30] ZHANG S, GAO X, ZHANG X, et al. Projection of glacier runoff in Yarkant River basin and Beida River basin, Western China[J]. Hydrological Processes, 2012, 26(18): 2773-2781.

[31] ZHANG S, GAO X, ZHANG X. Glacial runoff likely reached peak in the mountainous areas of the Shiyang River Basin, China[J]. Journal of Mountain Science, 2015, 12(2): 382-395.

[32] ZHAO Q, ZHANG S, DING Y J, et al. Modeling Hydrologic Response to Climate Change and Shrinking Glaciers in the Highly Glacierized Kunma Like River Catchment, Central Tian Shan[J]. Journal of Hydrometeorology, 2015, 16(6): 2383-2402.

第 4 章

# 气候变化背景下的
# 系统性风险

# 4.1 引言：

# 系统性风险及其在气候变化背景下的重要性

本章阐述的各项指标和内容体现了气候变化带来的系统性人类风险。这些风险由气候灾害促成，经由人类系统的多个社会、经济和环境领域产生跨越式扩散和传播。本章考虑了高影响 - 低概率及高影响 - 高概率危害，并重点关注了中国特有的风险和全球性风险。

系统性风险始终是系统整合的一个关注点。系统性风险和系统失灵可能由并发或连续灾害（长期或突发性）引起，然后跨越时间和空间进行传播，而此时的人类系统及其响应可能会放大而非抑制风险。随着极端气候和天气事件日益频繁和严重，各国政府和国际组织避免未来系统性危机的能力将会削弱。然而，在降低引发潜在系统失灵的可能性（尤其是通过更加积极的气候变化减排活动）以及最大限度地缓解并遏制任何已触发危机方面，决策者可以发挥关键作用，如提高系统各部分及整个系统的韧性。

2007—2008 年的全球粮食危机是气候事件引发系统失灵的范例。澳大利亚的连续干旱导致了全球粮食系统的短缺现象，个人和政府行动又加剧了短缺，最终导致一些国家发生粮食骚乱甚至政权更迭。气候变化还可能触发系统失灵的极端事件，如在许多主要粮食生产区的旱灾变得更加频繁。而经济增长与追求可持续发展原则相结合在多种情况下有可能使各国避免最严重的危机。例如，贫困无异会加剧价格上涨对粮食不足、营养不良和随之而来的社会动荡的影响，但如果人口营养状况良好，食物支出占人口收入的比例较小，而且政府拥有更多的财政储备，能更好地提供社会保障机制，就能更灵活地应对粮食价格冲击。反之，如果经济增长对高度关联且具有气候脆弱性的基础设施具有更大的依赖性，那么系统性风险的蔓延与影响及系统失灵的概率可能会提高而非降低。这种情况下，经济增长可能会改变系统性冲击的风险性质，而不是消除风险。

尽管高影响的气候事件日益频发，但它们突变为全面系统性危机的情形仍然较为罕见，这意味着相关先例不足以形成一个明确或基于概率的风险传导模型或预测方法（Challinor et al., 2018）。初始气候危害和后续系统性风险之间的关系具有复杂、嘈杂和非线性的特点，并在很大程度上依赖于事件的发生顺序和时间，因此如果缺乏有关区分信号与噪声的一般性原则，那么试图模拟这种复杂性可能会导致对风险指标予以错误地过度拟合（Haldane, 2012; Tangermann, 2011）。系统性危机往往在很大程度上取决于政策选项等社会 - 经济因素，其原

80 /
中－英合作气候变化风险评估
——气候风险指标研究

UK-China
Cooperation on
Climate Change Risk Assessment
Developing Indicators of Climate Risk

因可能是信息不完整，或者旨在应对市场情绪而非潜在的基本条件，但这仍可能产生具有显著正 / 负反馈循环的系统性影响。这种动态变化可能无法量化，也可能在中长期内具有一系列广泛的表现形式。

因此，分析气候变化对系统性风险未来潜在影响的总体特征，只能是结合定量与定性方法，针对相关气候风险驱动因素的潜在变化进行定量预测，同时利用合理的社会经济和政策假设来阐述这些驱动因素会如何转化为风险。

我们采用一种可替代的务实方法来评估系统性风险：首先，我们开发了一个广泛适用的系统性风险特征与连锁效应的概念框架；其次，在特定系统中针对风险的可能传播途径构建了一套描述模式，并提出一系列便于采用的预测风险因素的先导性指标。我们并非试图设计完整的系统模型，不过通过这些指标的配合使用可以概括描绘系统性风险，并在系统面临风险时有助于识别出关键的系统节点。

基于历史事件（以及"非事件"，其中的气候相关冲击被抑制而非放大，因此并未导致系统性风险的连锁效应）的描述模式有助于阐明系统性风险的可能途径，并基于前两章提及的不同减排路径和情景，指出这些事件在未来发生的可能性。

就本章的系统性量化指标而言，它们只是当前风险的信号而非对未来风险的预测指标。与此前章节对未来的预测不同，本章的指标尤其适合针对当今社会的高成本灾害事件（社会无法在避免高成本及不可逆后果的情况下加以解决）进行早期预警。尽管如此，我们仍然考虑了系统性风险指标是如何与此前章节提及的排放指标和气候危害指标协同演化的，这样有助于预示系统性风险增加或减少的可能性及其原因。本章涉及的指标并非10年期风险结果的预测因子，但结合解释性叙述，它们可用于：①证明减缓活动在降低系统性风险概率方面的有益作用；②表明可以在哪个阶段进行有效的事前干预，以针对未来预期的风险逐步提升系统韧性；③一旦气候灾害即将发生或处于活动状态，可协助诊断系统性风险的累积情况；④帮助了解局部问题（如世界某个地方的作物歉收）是否会促发成为更广泛的全球性问题。

从下文的中国案例来看，它强调了气候灾害与国家和地区社会经济系统所遭受的间接影响之间的关联。中国地域辽阔，领土涵盖诸多气候类型，有超过5个主要气候带，面临多种气候风险。根据潜伏时间和表现方式的不同，系统性风险可以分为2种基本类型：渐进性风险与突发性风险。在各类系统性风险中，我们根据文献研究和专家判断确定了4个关键领域：水安全、城市安全、人群健康和气候贫困（图4-1）。尽管这些风险具有中国的特殊性及特定背景，但它们并非中国独有，在很大程度上可供其他国家和地区参考和借鉴。这些具有潜在系统性影响的气候变化风险包括冰川融化（水安全）、城市环境下的极端降水和海平面上升（城市安全）、气候变化引发的移民与贫困（气候贫困）、生命和健康（人群健康）。

这些案例研究主要考虑了气候变化在原发地的间接风险，并强调了相对于二阶和三阶后续影响的气候危害（如极端高温死亡率）的初始影响。因此，尽管要考虑一系列气候冲击导致的间接破坏会对人类和经济系统造成的可能影响，但是这些风险考虑仅限于相对有限的地域边界内，如直接受到气候冲击影响的城市或地区。在上述例子中，大都未给出完整的风险链分析，仅对可能发生的连锁性系统性风险进行了说明（参见本章4.3节）。

接下来我们转向全球视角，主要关注全球粮食系统所面临的气候驱动型风险，这些风险催生了更广泛的风险连锁效应，有可能推动或加剧更广泛的社会、政治和经济的不稳定。这种气候冲击可能首先导致局部受灾地区出现营养匮乏的情形，而这些地方性冲击是否会影响系统的稳定性取决于个人、政府、私营部门行动者的总体行动在全球层面的协同效应（放大或抑制）。这类协同效应体现为全球粮食价格的变化，并会影响个人获取食物的能力。

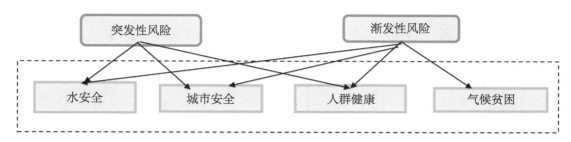

**图 4-1　中国主要的气候驱动型间接风险及系统性风险**

我们在此提供了一种将定性描述系统性风险与量化识别关键风险指标相结合的例证分析方法。以粮食系统为例，说明系统性风险具有可能从初始地区的气候危害扩散到其他地区的多重风险表现。因此，重点不在于气象灾害事件破坏农业或基础设施状况的作用机制，而在于这些破坏情形如何影响粮食供应，如何反映价格变化，这些价格信号会如何形成国际性的连锁反应，以及不同行动者对于价格波动及后续应对措施的隔离或适应程度。尽管一些指标分析框架针对的是全球粮食系统，但这种分析方法可推广到健康系统和基础设施等易于传递系统性风险的其他部门。

全球粮食系统案例研究为中国案例提供了一个补充视角，即对单一初始气候冲击的重点关注有助于将研究焦点拓展到更广阔的地域，而且通过开发一个更为全面合理的连锁性风险分析框架，可以更加突出系统性风险引发的二阶效应和三阶效应。

本章 4.2 节描述了检验系统性风险的常用方法，4.3 节和 4.4 节分别阐述如何在中国和全球背景下运用上述评估方法分析系统性风险。

82 / **中－英合作气候变化风险评估**
——气候风险指标研究

UK-China
Cooperation on
Climate Change Risk Assessment:
Developing Indicators of Climate Risk

# 4.2　方法学

引发系统性危机的原因非常复杂，尽管发生的概率不高，但是一旦发生，通常会以一种难以预测的方式加速演变、连锁发展。鉴于这一特征，系统性风险的识别和量化非常具有挑战性。因此，在系统性风险分析过程中，通常先假设一个系统性风险发生的情景，再对这些情景发生的条件进行反向推测。多数情况下，风险指标取决于所涉及的系统性风险的起源和因果链。建立一个具有高度概括能力的概念框架，可以确保对特定事件的理解和建议具有更广泛的适用性。本章采用 2 个互补的概念结构来描述气候变化所引起或催化的系统性风险：一个用于界定系统性风险的特征，另一个用于分析确定系统性风险的程度。本章对系统性风险描述主要借鉴了前一个概念结构，并在后一个概念结构内设置了依据全球粮食系统所设计的离散指标。

## 4.2.1　系统性风险的特征框架

决策者可以根据 4 个指标来界定系统性风险的重要程度：影响领域、影响速度、影响程度和发生概率。本章对气候变化是否在不同的系统性危机中发挥催化或放大作用也进行了区分，即使系统性威胁最初并不是由气候因素所引发的，这种区分也有助于确定气候事件是否带来了额外风险。

1. 影响领域

气候恶化所诱发或催化的系统性风险可能会影响社会的不同方面。本章确定了系统性风险可能影响的 5 个相关领域，并分析了给定的危害事件可能会对这些领域内和领域间产生的不同影响；为了系统化评估风险，我们预设了多个领域的人口或地区将受到初始或后续事件的威胁。

（1）经济繁荣：由于经济损失易于量化且较为直观，所以通常都会把对运输、通信、能源、供水和污水处理基础设施、商业、金融和投资的潜在影响纳入标准的经济风险评估框架中。然而，标准经济估值仅提供对风险的部分评估，系统性风险评估还需要在所有领域中考虑其他因素，如受影响的经济空间分布等。

（2）社会风险：指由重大饥荒、疾病和经济动荡所引发的社会不稳定。这类风险应重点关注大规模贫困化、人口迁徙和社会冲突。

（3）人群健康：系统性风险可能导致传染病和非传染性疾病的大规模传播和营养不良。

（4）国土安全：主要指气候变化引发的各类风险对国土安全造成的威胁。这类风险点包括国际气候维和开支攀升、国际气候援助需求激增、国际水资源争端、国际运输线路受到严重损害、重要国防设施受损等。

（5）生存风险：指对生命和栖息地丧失的威胁，包括海平面上升和自然灾害可能导致的大规模迁移。这对于人口稠密的沿海城市尤为重要，如中国东南部的经济发达城市。

2. 影响速度

不同的系统性风险具有不同的形成速度和潜伏期。渐进式风险通常不太明显，却可能构成严重威胁（世界经济论坛，2010），其长期潜伏性会导致人类严重低估了这一风险的长期后果。事实上，大多数气候风险都是渐进式的，其影响缓慢积累到一定程度就可能引发突然和不可逆转的临界点。而突发事件可能会引发突发性风险，如极端天气灾害，在一定的风险暴露度和脆弱性的情形下可以迅速引发极其严重的灾难。

3. 影响程度

系统性风险所带来的影响严重程度取决于事件本身的大小、风险暴露程度、暴露人群的脆弱性、减缓行动的有效性以及受影响的社会领域。如果外部危害与个体的理性或非理性行为、集体反应之间相互作用，那么即使最初的危害程度较小，其社会风险也可能被严重放大。如果风险突然发生，并广泛影响人民及社会，就有可能造成政治危机（Challinor et al., 2018）。

4. 发生概率

系统性风险评估不太关心低概率低影响事件和高概率低影响事件。因为前一种情况发生的可能性并不大，即使发生所带来的影响也较小；而对于后一种情况，由于其发生概率高，政府通常能很好地预测并管理这类低影响事件。系统性风险评估关注的重点是高概率高影响事件和低概率高影响事件。这些事件很可能由于它们的罕见或较高的预防成本而被政府忽视。

5. 气候变化的作用

在许多关联性风险中，气候因素起着诱导或催化的作用。当然，最初的触发因素也可能与气候事件无关，但间接气候影响（如土壤肥力降低或基础设施韧性）有助于加重影响的严重程度，或减少各种影响的反馈期。

## 4.2.2　系统性风险的概念框架——反应机制

系统性风险一般是由气候变化所引起的某种或几种直接风险所触发，进而在经济、社会、文化、生态、政治等各个层面发生连锁反应。根据连锁反应的复杂程度，可分为串联反应和并联反应。串联反应，也称为串联风险，是指由一种风险引起另一种间接风险的形成和发生，从而形成一因一果的因果链；而并联反应，也称为并联风险，则是指由一种风险同时引发几种风险的形成和发生，从而形成一因多果的风险链（图 4-2）。从一种风险开始引起一种或几种风险并进而传递下去，最终引发更多风险的现象统称为风险的连锁反应（Cascading effect）。系统性风险往往是由直接风险引发，通过连锁反应形成一系列间接风险，进而影响整个系统的结构、功能和稳定性。连锁反应是系统性风险区别于直接风险的基本标志和重要特征。

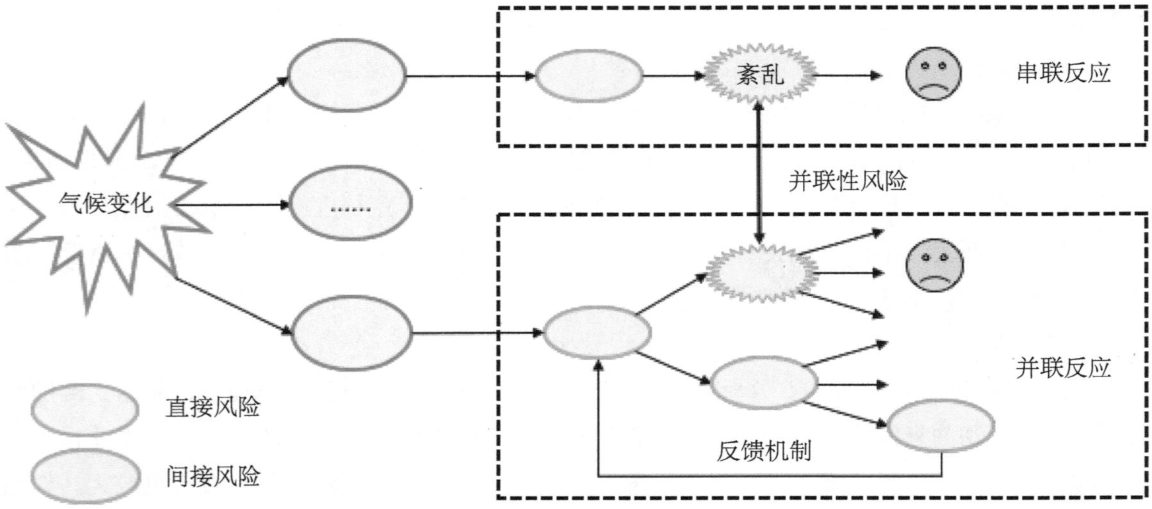

图 4-2　系统性风险的特征机制

　　系统性风险分析的重点在于发现各种影响之间的联系性、因果链和反馈环,并评估连锁反应发生的可能性及后果。在现代经济社会体系中,各种元素之间的关系更加复杂,联系更加密切,构成一个复杂的大系统。与连锁反应相对应的是,在许多情况下一种或几种间接风险是由多个相关风险要素相互作用而导致的。这种多因一果或多因多果的想象可称之为集束效应(Bundling effect)。现实世界中,连锁效应和集束效应常常同时发生、交互影响。当两种或多种类型的风险之间形成关联并相互影响时,便构成了关联性风险(Nexus risk)。

　　在这种相互关联的因果链中,存在正反馈和负反馈 2 种反馈环。正反馈对系统性反应具有加速和放大作用,当其中一个环节受到损坏,往往会"牵一发而动全身",引起整个系统发生紊乱甚至崩溃,即人们常说的恶性循环(Vicious cycle)。正反馈也可以是良性互动,使系统的功能越来越符合人的需求,进而构成良性循环(Virtuous cycle)。而负反馈则可以抵消上一级风险的不利影响,使系统趋于稳定。在有恶性循环的系统性风险中,常常可以辨识某种定量指标,所以当其在一定阈值范围内时,尚可通过对系统的负反馈调节使其恢复平衡和稳定。然而,当阈值被突破则往往为时过晚,回天无力,只能任由恶性循环主导整个系统的演变直至崩溃。系统的阈值也称为临界点(Tipping point)。确立指标、阈值或临界点在系统性风险分析中十分重要。此外,对系统内的薄弱环节也需要予以高度重视。

　　对于任何给定的风险,重要的是要了解它是如何被触发的,以便决策者能够提前并实时地鉴别和采取行动,以减少或防止冲击波的进一步放大。图 4-3 展示了一个系统性危机是如何形成和演变的经典案例。在这个案例中,系统性风险最终是否产生取决于全球粮食系统的稳定程度,以及气候危害是否直接减少了主要出口国的粮食产出。

　　同样的框架也可以应用于其他部门,如图 4-4 和图 4-5 所示,它们分别显示了食品系统和金融系统中可能产生的风险链条。

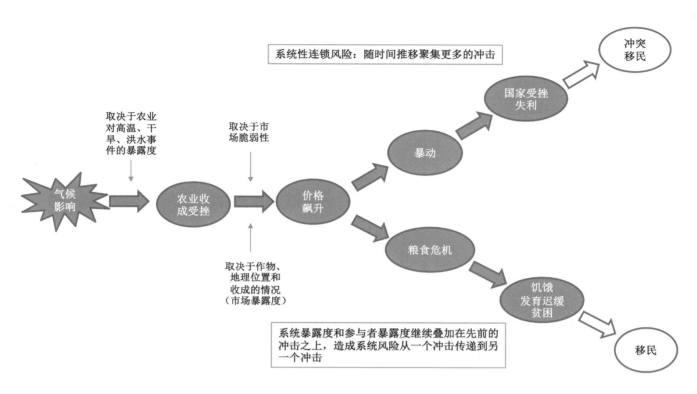

图 4-3 源于气候危害的系统性风险概念框架

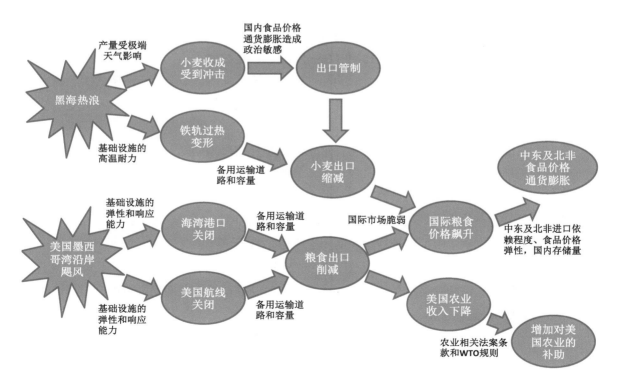

图 4-4 "可能的未来"：由于基础设施故障导致的食品系统中的系统性风险

（数据来源：Bailey & Wellesley, 2017）

86 /
中－英合作气候变化风险评估
——气候风险指标研究

UK-China
Cooperation on
Climate Change Risk Assessment:
Developing Indicators of Climate Risk

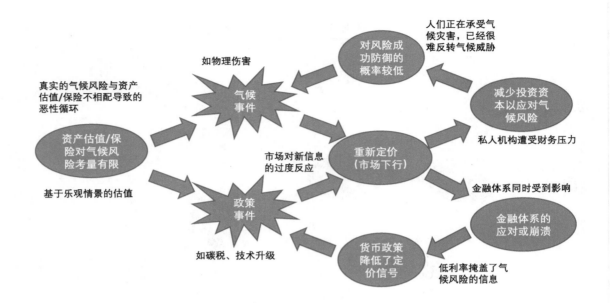

**图4-5 "可能的未来"：金融系统中的系统性风险**

（数据来源：Nico Aspinall Consulting, 2018）

　　一般来说，我们认为风险传递的程度主要取决于暴露度和脆弱性：暴露度很小而脆弱性较高不太可能产生灾害并引发系统性灾难，反之亦然。然而，暴露度和脆弱性并不仅与危害本身有关，也与社会的反应程度有关。总体风险放大的因素可能源于政治系统、市场体系、媒体报道、行为反应和人身伤害感知的相互作用（Challinoret et al., 2018）。

　　暴露度和脆弱性也是决定危害持续时间和性质的重要因素，它们会决定危害的缓急程度、大小和波动性等。例如，当风险发生时，与价格稳定时的变化相比，价格水平本身的变化就可能产生不同的影响。

　　因此，系统性风险机制的描述应当包括每个离散事件的严重程度，包括不同人群或系统对于连锁风险的暴露度及脆弱度的指标。目前确定的指标是"领先指标"，该指标与未来放大或抑制的风险连锁性最终相关，会最终导致系统失效或系统弹性反馈。这些指标既提供了确定总体风险链中可能存在的最大风险情况，也提供了一种反应机制，可以确定潜在连锁性风险链中的中断点——假设这些中断可以被行为控制——或者政策干预可能成功地抵制进一步的风险扩散。在本书的第1章中我们总结了国际粮食系统潜在连锁风险框架（图1-2），其中展示了食物系统传播过程中关键粮仓区域受到气候冲击的反应机制框架，该框架也可被推广到可传输系统性风险的其他部门。

## 4.2.3　系统性风险案例研究的应用

我们将以上 2 个理论框架应用于中国案例和全球食品系统中，通过追踪指标，我们对系统性风险、暴露程度、系统脆弱性以及随时间演变的气候变化指标这一系列因素之间的联系产生了浓厚的兴趣。本章从以前的系统性危机中吸取教训，研究追踪了具有历史视角的实时指标，将研究目标确定为预测并细化气候变化造成系统性风险的阈值或减缓气候变化风险的阈值。

在中国案例中，我们主要依据第一个框架来提供具有不同特征的各种间接气候风险的机制图——从影响领域到影响速度，再到影响程度。我们主要关注了第一级间接风险，没有详细考虑具体的连锁风险链和传播机制。在食品案例中，我们使用概念框架作为起点，结合文献综述，推导出一系列与食品系统的系统性风险相关的指标，并尽量采用高可信度且可以定期更新的指标。我们将关键的量化指标与数据的描述方法结合起来，并综合了全球粮食系统的系统性危机实例文献。使用这些历史数据和文献验证，有助于探索选取的这些较为简单和综合的指标是否可用于证明系统性风险未来高低的可能性，并考虑是否需要确定新的更集中的指标（详见 4.4 节）。

88 / 中−英合作气候变化风险评估
——气候风险指标研究

UK-China
Cooperation on
Climate Change Risk Assessment:
Developing Indicators of Climate Risk

# 4.3 系统性风险：中国视角

通过对中国不同地区的历史和未来影响的预测，我们提出了 4 种不同类型的间接风险，包括小概率突发性或长期渐发性气候灾害事件。间接风险可作为分析系统性风险的初步工作，以备开发一套系统性风险评估指标并评估特定风险的连锁效应。图 4-6 提供了可供决策者关注潜在系统性风险的示例及参考指标。

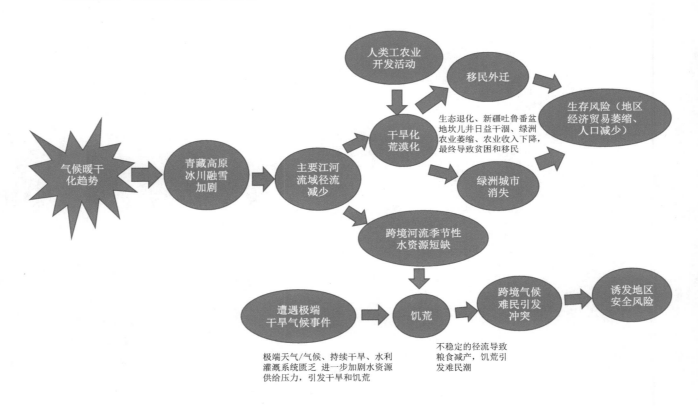

**图 4-6 中国西部及东南亚地区冰川融雪引发的系统性风险**

## 4.3.1 冰川融雪引发的水资源安全风险

中国独特的地理和气候特征造就了"胡焕庸人口地理分界线"。这条线的东南方占据了中国国土面积的 43.2%、总人口的 94.4%（陈明星等，2016），而这条线以西则是地广人稀的西部地区，这里是中国主要江河流域的发源地，也是生态最脆弱的地区之一。在全球变暖的背景下，预计在 2050 年前后中国西部主要冰川径流会逐渐出现"先增后减"的拐点。冰川融化引发的系统性风险具有复杂多样的表现。

中国西部地区由于冰川融雪引发的洪水、干旱和荒漠化等直接风险有可能导致水资源冲突，并引发边境安全和国际关系问题。绿洲农业和城镇的逐渐消失、人口外迁、资源冲突等威胁将加剧西部民族和边疆地区的气候安全风险。例如，位于中国西部气候脆弱地区的新疆拥有 47 个少数民族，国土面积占中国的 1/6，2017 年农业比重占地区生产总值的 45.2%，是中国粮食、棉花、水果、肉类的主产区。该地区高度依赖来自天山和昆仑山山脉的冰川融雪，未来气候暖干化趋势很可能会削弱绿洲地区的城乡发展，并加剧地区的不稳定因素（专栏 4-1）。

在中国西藏的东南部和横断山脉地区，冰川将会因全球变暖而加速消融。据评估，2046—2065 年，发源自西藏的恒河、布拉马普特拉河的径流量将下降，同时这些流域地区约有 6 000 万人将因此遭受食物短缺的威胁（Immerzeel et al., 201）。这些流域的东南亚国家很可能因径流量减少而面临严峻的贫困和移民问题。

---

### 专栏 4-1：中国西部地区正在消失的坎儿井及适应行动

坎儿井是中国古代三大水利工程之一，主要依靠天山冰川径流补充地下蓄水层。新疆拥有坎儿井 1 540 多条，其中吐鲁番市拥有 1 100 多条，全长约 5 000 余 km，是当地发展农牧业生产和解决人畜饮水的主要水源[①]。然而，近 50 年来，这一千年绿洲水利工程正在干旱、荒漠化和人类活动加剧的威胁下濒临消失。目前吐鲁番市的坎儿井只有 20% 有水。预计 50 年后天山冰川将"消退"80% ～ 90%，依赖天山冰川和地下水生存的乌鲁木齐、吐鲁番、哈密等大城市将面临水资源枯竭风险。针对严峻挑战，新疆自 2006 年启动了坎儿井保护利用规划，积极推动水源地保护立法，2017 年新疆库尔勒市、拜城县、石河子市被纳入生态环境部"气候适应型城市"试点，一系列提升城乡水安全的适应行动正在积极实施。

---

## 4.3.2 城市安全风险

近年来，人口密集的中国东南沿海地区遭受了一系列极端、突发气候灾害事件，包括持续降雨引发的区域性洪水、蔓延到东中部地区的雾霾，以及大范围的高温热浪，这些极端气候事件影响范围大、持续时间长，给社会经济造成了严重的影响（秦大河等，2015）。未来长期海平面上升风险还将给东南沿海地区的城市群造成潜在威胁。本部分重点关注了中国沿海城市地区的海平面上升和城市洪水引发的系统性风险。

1. 海平面上升：中国东南沿海城市密集区的生存风险与经济安全风险

中国经济发展的重心正在日益集中于城市群地区，预计到 2030 年左右，中国将有 32 个城市群且拥有 8 亿人口。其中，东部沿海地区的三大城市群（京津冀、长江三角洲、珠江三角洲）

---

①http://www.tlf.gov.cn/zjtlivf/msjj/.kej.htm.

是中国最重要的战略经济区，这一地区的土地面积仅占全国的 5%，却拥有全国 23% 的总人口和 39% 的 GDP 总量（2016 年数据）[①]。这些地区的气候安全对于中国的可持续发展意义重大，未来中国沿海海平面持续上升的趋势将对这些中国经济发展的龙头地区产生重大的影响。

上海是长江三角洲地区也是中国最重要的金融中心和工业基地，根据《长江三角洲城市群发展规划（2016—2020 年）》，2020 年长江三角洲城市群将在全国 2.2% 的国土空间上集聚 11.8% 的人口和 21% 的地区生产总值。密集的财富和人口将面临气候变化引发的海平面上升风险。例如，上海黄浦江防汛墙设计水位为 1 000 年一遇，若海平面上升 20 ～ 50 cm，长江三角洲的海防堤标准将由 100 年一遇降为 50 年一遇；若海平面上升 1 m，这一海防堤标准将由 1000 年一遇降为 100 年一遇（徐影等，2013）。受海平面上升和地面沉降等因素影响，黄浦江市区段防汛墙的实际设防标准已降至约 200 年一遇。《珠江三角洲地区改革发展规划纲要（2008—2020 年）》提出"到 2020 年，广州、深圳的市区防洪防潮能力达到 200 年一遇，其他地级市市区达到 100 年一遇，重要堤围达到 50 ～ 100 年一遇"。

面对 21 世纪海平面上升的风险，中国沿海城市需要加大气候风险投资力度，以应对人口和工业布局带来的不利影响。

2. 气候变化与人类活动叠加的风险：中国的城市型水灾

高温热浪、强对流天气、雷暴和雾霾等气候灾害常发于城市地区，近年来极端天气事件已经成为中国沿海和内陆地区许多城市的高发灾害，引发大范围和严重的社会经济损失。根据中国住房和城乡建设部的调研，2008—2010 年全国 62% 的城市发生过内涝灾害，遭受内涝灾害超过 3 次以上的城市有 137 个（刘俊等，2015）。根据对中国 280 多个地级以上城市的评估，应对暴雨灾害达到中高韧性水平的城市只占到全国城市总数的 11%，绝大部分都属于低韧性水平（郑艳等，2018）（图 4-7）。

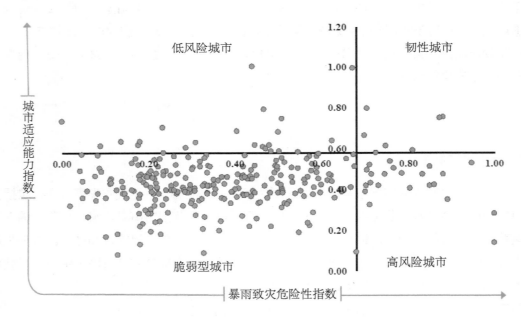

图 4-7　中国城市暴雨灾害韧性分类

① 参考资料：《京津冀都市圈区域规划》（2010）、《长江三角洲城市群发展规划（2016—2020 年）》（2016）、《珠江三角洲地区改革发展规划纲要（2008—2020 年）》等。

图 4-7 显示了暴雨低风险城市、韧性城市大多为发达城市，但这并非意味着这些城市不会遭受暴雨的威胁。以分别位于东、中部和沿海地区的北京、浙江余姚、湖北武汉为例，尽管经济发展、城市化水平、排水管网密度及应对暴雨绿色基础设施（建成区绿化率）等指标都远远超过了全国大多数城市，但仍然在突破历史记录的极端强降水天气下遭遇了严重的城市水灾（专栏 4-2）。

---

**专栏 4-2：中国的城市水灾及提升暴雨韧性的行动**

---

2012 年 7 月 21 日，北京市遭受了一场 70 年不遇的特大暴雨，全市受灾人口 160.2 万人，因灾死亡 79 人，直接总损失 118 亿元。2016 年 7 月持续强降雨导致湖北武汉全市受灾人口 100.5 万人，直接经济损失 39.96 亿元。2013 年 10 月 7 日，台风"菲特"带来的 100 年不遇强降水导致浙江余姚遭遇严重水灾，70% 以上城区受淹，主城区城市交通瘫痪、供电供水通信系统中断，受灾人口 83.29 万人，直接经济损失超过 200 亿元。

发达大城市的灾害链效应尤为显著，以北京为例，极端灾害对城市交通、旅游、农林等产业链下游的连锁影响，受灾家庭的心理创伤和社会心理影响，政府危机管理能力及公信力的不良影响等十分显著，引发了从政府部门、学界到社会公众的广泛反思（郑大玮等，2013）。通过加强防汛预警预报的覆盖范围和传播途径、老旧社区排水防涝改造、城市排水系统改善，以及主要积水点和隐患排查、实施智能监测交通运行系统等举措，北京应对暴雨的韧性能力已大大增强。

2015—2016 年，住房和城乡建设部发布了 30 个国家级海绵城市试点，平均每个海绵城市将投入数十亿元到数百亿元资金，投资规模约为每平方公里 1 亿～ 1.5 亿元，以修复城市水生态、涵养水资源，增强城市防涝能力。这些城市的试点经验有助于探讨如何在气候变化、城镇化背景下提升城市灾害韧性。

---

与常规性气象灾害相比，极端天气气候事件常常引发连锁性反应，由于城市防范极端事件及系统性风险的基础设施投入普遍不足，缺乏风险规划和防范意识往往导致风险放大效应。人员伤亡、社会经济损失及城市运行失序所造成的巨大社会成本，对城市政府的风险治理体系和治理能力提出了挑战。2018 年，中国政府部门改革成立了新的应急管理部，将原有分散设立在 13 个部门的防灾、减灾、救灾职能予以合并重组，实施统一管理、分级负责，通过整合优化应急资源和力量防范化解重大安全风险。这一重大机构调整有助于提升中国应对系统性风险的能力。

### 4.3.3 气候贫困风险

在中国，资源匮乏、生态恶劣、自然灾害都是导致贫困的重要因素。据中国政府公布，过去 30 多年来已帮助 7 亿多乡村人口实现脱贫 [①]。2010—2017 年，中央财政专项扶贫资金共投入 3 652 亿元，贫困人口发生率从 2010 年的 17.2%（1.66 亿农村贫困人口）下降到 2017 年年底的 3.1%（3 046 万人）[②]。中国现有农村贫困人口大部分分布在生态环境极度脆弱的老少边穷地区，这些地区也属于气候贫困高风险地区，共性表现为，灾害暴露度高、适应能力薄弱、居住分散、基础设施严重落后，灾害预警、社会保障等基本公共服务供给不足等（乐施会，2015）。就严重依赖资源和农业的地区而言，气候变化加剧了贫困和环境退化，使贫困人口深陷"贫困陷阱"。近 10 年来，尽管中国政府积极推进"精准扶贫"并取得了成功进展，然而许多农村贫困人口只能通过移民逃离当地恶劣的气候和环境。

内陆干旱地区是气候变化引发贫困、移民的高风险地区之一，研究表明，这些地区 10%～30% 的人会成为潜在的永久移民。中国从 20 世纪八九十年代以来先后在西部生态脆弱贫困地区、长江流域自然灾害频发地区开展了大量生态移民工程，这些都与环境和气候变化因素密切相关。实际上，中国许多地区以政府主导的生态移民实践就是一种主动的有计划的适应行动。例如，1983—2015 年，为了脱贫、生态保护和适应气候变化，宁夏先后实施了一系列生态移民工程，累计迁移人口 113.2 万人（Zheng et al.，2013）（专栏 4-3）。2011 年陕西启动了为期 10 年的中国最大规模的生态移民规划，耗资 1 100 亿元，异地安置了陕北干旱地区、陕南暴雨泥石流高发山区的 240 万人口。地方政府实施的移民工程有效地降低了气候贫困地区的人口暴露度，打破了"贫困陷阱"的恶性循环与被迫的气候移民。

---

### 专栏 4-3：中国西部地区的荒漠化和潜在的气候移民

宁夏地处中国内陆半干旱与干旱区的过渡地带，干旱少雨，黄河水和地下水是其主要水源，水资源只有全国平均水平的 1/3，荒漠化面积占全区的 44%。在全球气候变化的大背景下，近 50 年来宁夏的气温明显升高，降水量明显减少。"山大沟深、靠天吃饭、十年九旱、一方水土养不了一方人"是宁夏中南部地区的典型特征。长期贫困使中南部地区许多农村家庭不得不外出打工谋生或者移民外乡。

位于宁夏中部干旱地带的红寺堡拥有 19 万人口，是 20 世纪 90 年代新建的中国最大的生态移民城市。这一荒漠绿洲城市几乎完全依赖黄河引水工程，随着自发新移民的不断涌入，"人-地-水"的矛盾日益突出。未来黄河径流的减少、极端干旱年份的出现很有可能导致这些移民再次被迫迁移。在气候变化的情景下，预测 2020 年红寺堡地区超出水资源承载力的人口约有 2.61 万人。由于持续暖干化导致的沙漠化、盐碱化、水资源匮乏及人口增加，2020 年宁夏中南部地区超载人口比重将达到 67.2%，即使实施了生态移民工程仍将有 42 万人的超载人口需要安置（马忠玉，2012）。

---

① 联合国赞赏中国实施千年发展目标的进展情况及其最终报告，https://news.un.org/zh/story/2015/07/239632.
② 2017 年末全国农村贫困人口减至 3 046 万人，http://society.people.com.cn/n1/2018/0202/c1008-29802293.html.

## 4.3.4 人群健康风险

1. 气候变化对我国媒介生物性传染病的影响

WHO 认为，气候变化是全球登革热扩散的主要原因（Benitez，2009）。IPCC AR5 指出，登革热和气候变量在全球和区域尺度上都存在密切相关（高置信度），而疟疾和肾综合征出血热与气候变量在区域尺度上呈正相关（高置信度）（Huang et al.，2017）。

（1）登革热及其传播媒介伊蚊

登革热是一种由四型登革病毒引起的经媒介伊蚊叮咬传播的重要蚊媒传染病（Bai, Morton et al., 2013）。近年来，该病在我国广东、云南、福建、浙江、广西、河南和山东等地出现多点暴发，构成了严重的公共卫生问题（Chen et al., 2015; Lai et al., 2015; Li et al., 2017）。

气候因素可驱动登革热发病（Xu et al，2017）。基于 1981 年 1 月—2010 年 12 月的气象数据，利用 CLIMEX 模型预估不同气候情景（RCP2.6、RCP4.5、RCP6.0 和 RCP8.5）下中国登革热媒介白纹伊蚊适生区发现，当前白纹伊蚊高度适生区集中于中国台湾、海南、广东、广西、云南和福建等省的 269 个县（区）（6 085.8 km²）。未来气候变化将导致我国媒介伊蚊适生区分布范围明显向高纬度地区扩展。RCP2.6 情景（最低增温）下，白纹伊蚊高度适生区随年代推移逐渐向高纬度扩大，到 2050 年达 400 个县（区）（9 319.2 km²），到 2100 年高度适生区达到 227 个县（区）（5 081.9 km²），小于当前气候变化情景下白纹伊蚊高度适生区面积。RCP8.5 情景下（最高增温），白纹伊蚊分布范围将更大，高度适生区分布范围在 2020 年将增加 58 个县（区）（1 932.4 km²），2030 年将增加 69 个县（区）（2 146.1 km²），2050 年将增加 333 个县（区）（13 074.5 km²），2100 年将增加 580 个县（区）（20 448.8 km²）。

基于登革热流行的生物驱动模型绘制的当前（1981—2010 年）及未来不同情景、不同年代中国登革热风险地图显示，所有 RCP 情景下登革热的流行风险区均显著北扩，风险人口显著增加（图 4-8）。当前我国 142 个县（区）的 1.68 亿人口处于登革热的高风险区。RCP2.6 情景下，2050 年登革热的高风险区将覆盖 344 个县（区）的 2.77 亿人口，2100 年登革热的高风险区将覆盖 277 个县（区）的 2.33 亿人口。RCP8.5 情景下，登革热高风险范围将进一步扩大，2100 年将增加至 456 个县（区）的 4.9 亿人口（刘小波等，2016）。

（2）疟疾及其传播媒介按蚊

基于最大熵（Maxent）物种分布模型预测发现，2030 年 3 个气候变化情景（RCP2.6、RCP4.5 和 PCP8.5）的疟疾媒介大劣按蚊和微小按蚊的环境适生区（Environmentally Suitable Area, ESA）将平均增加 49% 和 16%。2050 年 2 个气候变化情景（RCP4.5 和 PCP8.5）的雷氏按蚊和中华按蚊的环境适生区将分别增加 36% 和 11%。在同时考虑土地利用和城市化水平下，2030 年和 2050 年暴露于 4 种媒介按蚊的人口数呈现显著的净增长（Ren et al., 2016）。未来不同情景、不同年代疟疾的发病率变化呈现同样的趋势（Hundessa et al., 2018）。

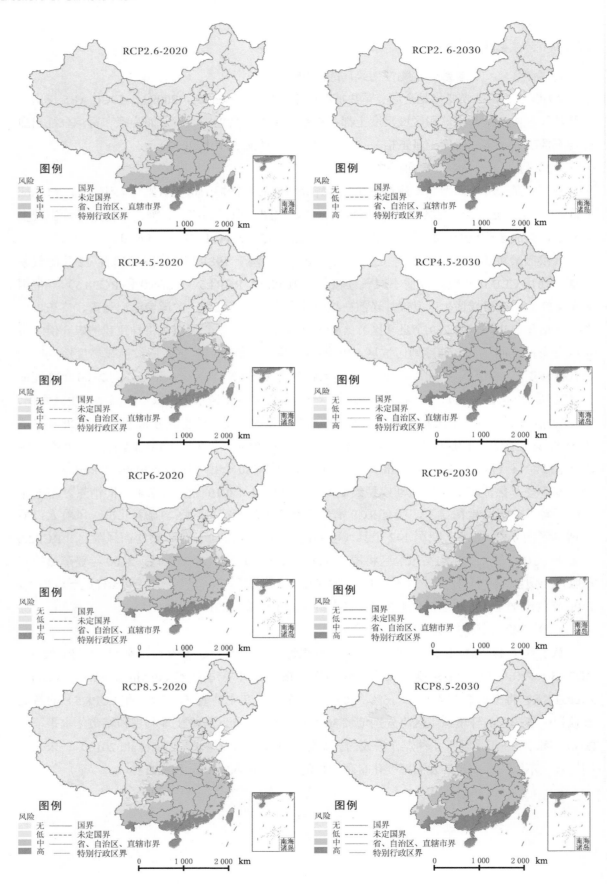

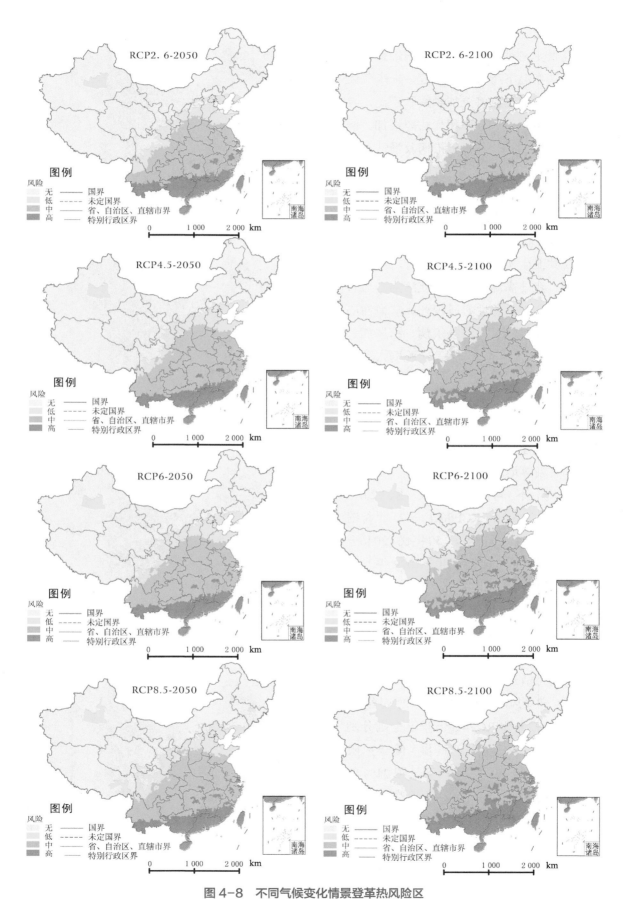

图 4-8　不同气候变化情景登革热风险区

（图片来源：甘肃中医药大学公共卫生学院　樊景春）

UK-China
Cooperation on
96 /

**中－英合作气候变化风险评估**
——气候风险指标研究

Climate Change Risk Assessment:
Developing Indicators of Climate Risk

## 2. 我国高温热浪人群健康风险

气候变化对人群健康产生的最直接影响是极端高温下产生的热效应。未来气候变化情景下该效应将更加频繁和广泛，导致热相关疾病的发病率和死亡率增加。同时，极端高温也将增加传染病及慢性非传染病（如心脑血管疾病和呼吸系统疾病）的传播风险，并将对各行各业产生影响。

### （1）我国高温 - 健康脆弱性评估

高温 - 健康脆弱性评估和风险预估是开展公共卫生实践和政府制定针对性政策的关键。我国高温热浪脆弱疾病为心血管疾病、脑卒中、急性心肌梗死、缺血性心脏病、高血压、呼吸系统疾病、糖尿病、肾脏疾病和泌尿系统疾病等；脆弱人群为婴儿、65 岁以上老年人、教育程度低下者和职业暴露人群（如公交司机、交警、清洁工人和建筑工人等）。中国高温 - 健康脆弱性空间差异较大，尤其是西南地区、安徽和甘肃等地。

基 于 不 同 RCP 情 景（RCP2.6、RCP4.5、RCP6.0 和 RCP8.5）下 21 世纪的 30 年代（2016—2035 年）、50 年代（2046—2065 年）和 80 年代（2080—2099 年）人群高温 - 健康脆弱性分析发现，与 1986—2005 年相比，21 世纪 30 年代 4 种气候变化情景下全国 27% 的县（区）高温 - 健康风险会发生明显变化；21 世纪 50 年代 4 种气候变化情景下将有 272 县（区）（占 9%）的高温 - 健康风险会显著升高；21 世纪 80 年代，RCP2.6 和 RCP4.5 情景下全国分别有 8% 和 9% 的县（区）高温 - 健康风险会显著升高，RCP8.5 情景下全国 21% 的县（区）高温 - 健康风险会显著升高，其中，有 301 个县（区）（1.5 亿人）从低风险转变为高风险，有 21 个县（区）（1 150 万人）直接从很低风险区跃升到很高风险区，呈现出跃升性的特点（图 4-9）。

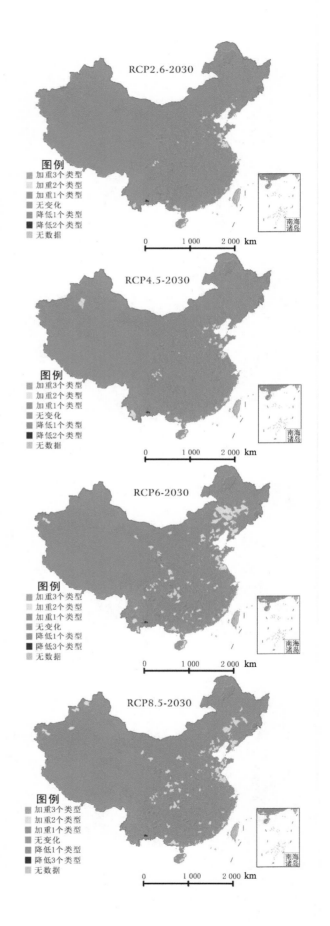

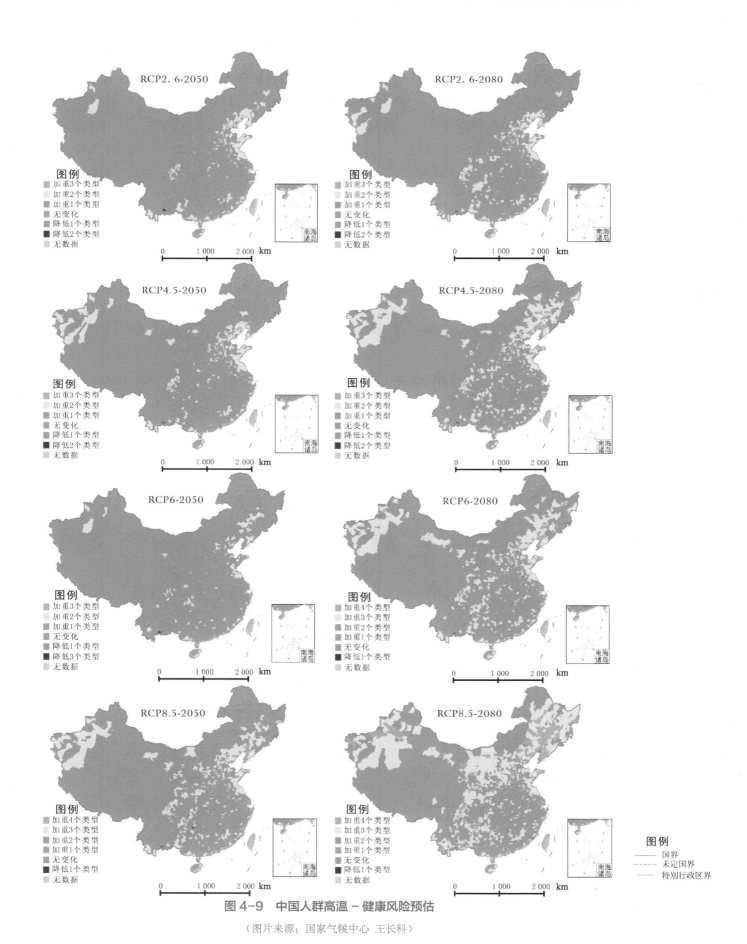

图 4-9 中国人群高温－健康风险预估

（图片来源：国家气候中心 王长科）

（2）我国典型地区热浪健康影响

2013 年 7—8 月，我国中东部地区出现自 1951 年以来最强、持续时间罕见的高温热浪。2013 年夏季全国共报告热相关疾病 5 758 例，比 2011 年和 2012 年同期增加 211% 与 184%，主要集中于长江中下游的城市地区，病例以热痉挛、热射病与中暑为主。与 2011—2012 年同期相比，该次热浪在我国中东部 16 个省会城市共造成 5 322 人超额死亡，其中心血管疾病与呼吸系统疾病分别为 3 077 人和 959 人，以 65 岁以上人群为主（4 863 人）（Bai et al., 2014）。

（3）高温热浪对心血管疾病的影响

极端高温可对心血管系统产生影响（Yang et al., 2016; Yang et al., 2017）。极端高温对中国华北及部分西北地区人群影响最大，相对危险度为 2.3（$P < 0.01$），对寒温带和中温带人群死亡影响最大，相对危险度分别为 1.8（$P < 0.01$）和 1.6（$P < 0.01$）。未来气候变化情景下，与基线（21 世纪初）相比，到 21 世纪 30 年代心血管疾病超额死亡人数在 RCP2.6 和 RCP8.5 情景下将分别增加 6.0% 和 9.5%，到 21 世纪 80 年代分别增加 8.0% 和 30.3%。

3. 重大影响

气候变化和极端天气事件将引起病媒生物分布区扩大和病媒传播疾病风险增加，以及热相关疾病发病率和死亡率增加。上述因素会导致劳动生产率和经济增长降低、公共卫生安全危机、教学安排受影响、人口流动、边境不稳定和其他风险等，对政府适应和应对能力构成挑战（图 4-10）。

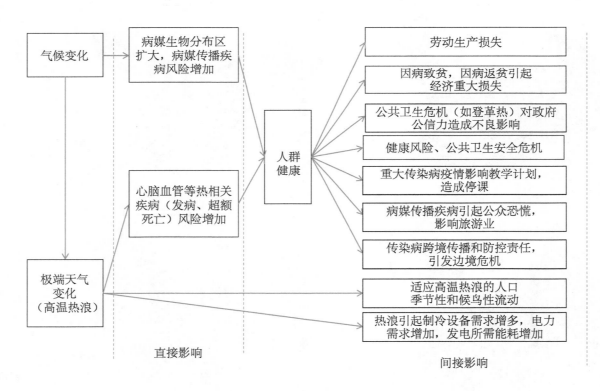

**图 4-10　气候变化和极端天气事件对人群健康的直接和间接影响**

# 4.4　系统性风险：全球视角

在本节中，我们首先概述已被文献确认的气候系统性风险，然后分别探讨有可能随着经济增长和气候变化而演变的关键风险和脆弱性路径。这些有关环境的系统性危机凸显了不同的连锁风险要素：①气候冲击前的系统状态（事前暴露环境、脆弱性和长期驱动因素）；②触发因素（引发连锁风险并导致系统性危机的气候危害）；③个人、政府和私营实体在每次后续危害之后如何及时应对（短期应对）；④人口和国家所面临的连锁性危机的风险以及脆弱性或复原力。在全球层面，触发上述 4 种系统性危机的气象灾害频率和严重程度可能与气候变化有关。在其他条件相同的情况下，减缓气候变化的努力有可能略微降低这些危害的频率和严重程度。接下来，我们以粮食系统为例，运用上述框架推导出可以跟踪系统性风险的指标。

## 4.4.1　风险、暴露与脆弱性：3 个与气候相关的系统性风险案例

### 1.2007—2008 年粮食危机

2007—2008 年粮食危机是气候事件触发系统风险的一个典型案例，一些长期性的非气候驱动因素使粮食系统更加脆弱，并暴露于气候事件中。这些驱动因素包括农业部门长期投资不足；生物燃料需求增长（当时占美国玉米产量的 30%）导致库存从粮食转移到燃料；随着贫困水平的迅速下降，肉类消费量增加（尤其是在亚洲地区）导致库存从粮食转移到肉类产品（Headey、Fan 2008; Tangermann，2011）。这些驱动因素具体表现为库存下降、食物价格面临上涨压力。关于每个因素的相对重要性，文献中存在各种分歧，如 Dawe（2009）指出，库存减少的主要驱动因素是中国的粮食储备下降，但库存减少并非 2007—2008 年粮食危机的促成原因。

触发 2007—2008 年粮食危机的主要气候因素是澳大利亚的一系列干旱事件，而澳大利亚是世界小麦市场的主要"粮仓"供应商。2006 年，澳大利亚发生了被大众媒体称作"千年大旱"的旱灾，之后又是多次干旱，导致多季节连续减产①。这些干旱促使全球粮食系统出现短缺现象，而此前粮食系统已因库存日益转移到牲畜饲养和生物燃料生产而受损。

由于全球粮食库存减少，加上澳大利亚的收成不佳，各国政府和人民迅速做出反应：越南和印度限制粮食出口，埃及和中国紧随其后，菲律宾报道了恐慌性购买现象，就连大米净出口

---

① 例子参见 http://www.theguardian.com/world/2006/nov/08/australia/drought.

国泰国也讨论了出口禁令（Abbott, 2011; Heady, 2011）。总体来看，排名前 17 位的小麦出口国中有 6 个国家、排名前 9 位的大米出口国中有 4 个国家都采取了不同程度的贸易限制（Puma et al., 2015）。因此，世界市场上的粮食供应量大幅度减少，从而推动粮食价格相应飙升，而大米因其薄弱的市场规模（仅占全球交易产量的 7% 左右）情况尤为严重，经历了一次短暂危机（Headey、Fan 2010; King, 2015）。

在高收入国家，食物支出在总支出中的比例相对较小，但低收入国家的情况与之相反，高度依赖粮食进口，家庭预算中的食物支出比例较高，营养水平相对较低，在价格暴涨时尤其会受影响。全球多个国家爆发骚乱，其中包括海地，在因食物价格突然暴涨而引发抗议者暴力骚乱之后，当时的海地总理被驱逐下台（Von Braun, 2008; Berazneva、Lee 2013; Hossain、Scott-Villiers, 2017）。而继下个季节的创纪录收成之后，粮食价格迅速下跌，出口限制情况得到缓解（图 4-11）。

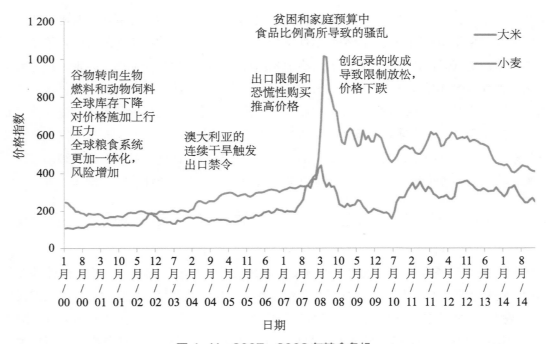

图 4-11　2007—2008 年粮食危机

（图片来源：作者基于多类数据制作）

2. 印度南部 2015 年"人民"运动

2015 年，印度南部各邦遭遇了 21 世纪以来最严重的降雨事件（Krishnamurthy et al., 2018），当年的厄尔尼诺现象又加剧了灾情（Boyaj et al., 2018）。印度钦奈 11 月记录的降雨量为 1 049 mm，12 月 1 日的 24 h 峰值强度达到 490 mm。12 月 2 日，钦奈宣布成为灾区，其交通、供电、供水、公共卫生服务和食物配送均因全市被淹没而中断，洪水深度达到 7 m。

2015 年的这场洪水发生在钦奈这个拥有 700 万人口的大城市，具有发展中国家灾难的诸多特征，其系统化风险的因素非常明显：洪水易发地区的城市规划不佳，社会住房集中；缺乏基础设施韧性规划；大坝溢洪加上下游洪水风险导致人口被疏散，供养当地人口的 40 万 hm² 农田洪灾加剧；公用事业服务失灵加剧了紧急状况。事故死亡人数不详，但仅钦奈一地的报告数字就有 500 多人，估计的损失在 30 亿～ 160 亿美元。

3. 泰国 2011 年 "供应链" 事件

系统的复杂性可以归因于洪水的影响和范围缺乏可预测性（Merz et al., 2015）。许多新兴经济体的人口和资产风险似乎持续加剧。在泰国，许多洪泛平原已被利用，导致这些地区的建筑环境极易遭到洪水侵袭。2011 年，"拉尼娜" 期间的极高降雨量触发了泰国的系统性危机，导致 5 次台风登陆和 90 d 的洪水（Merz et al., 2015），泰国 77 个府中有 65 个遭遇了严重的普遍性破坏，水库已无法容纳增多的水量。尽管有人将 2011 年洪水归咎于 "拉尼娜" 而非气候变化，但最近的研究表明，2011 年的局部降雨和海平面都与人为的温室气体排放有关（Promchote et al., 2016）。由于气候变化的原因，洪水的概率和强度（危害）都有可能增加（详见 IPCC AR2）。

2011 年，全球洪水导致 880 余人丧生，有 250 万人流离失所，同时也摧毁了 1/4 的稻米作物，全球农业部门损失达 13 亿美元左右。除去洪水的直接影响，工业部门受到的打击尤为严重。制造业损失估计为 320 亿美元，年度汽车产量下降 20%（受日本地震影响），多元化程度最低的公司受损最严重（Haraguchi、Lall, 2014）。在全球供应链的背景下，泰国大部分制造业的发展方向在向更加高效的准时交付转变。然而在同样的背景下，供应链在由气候冲击触发的系统性危机面前变得更加脆弱。据报告，保险行业并未将这些系统变化纳入计算（Merz et al., 2015）。

4. 2005 年美国卡特里娜飓风引发的 "经济" 事件

2005 年，卡特里娜飓风导致美国新奥尔良市的防洪堤系统失灵，城市被洪水淹没，直接影响到城市居民的健康和福祉。在更广阔的海湾地区，断电意味着饮用水处理厂不能完全发挥作用。新奥尔良港遭到的破坏对需要进入墨西哥湾的所有行业都造成了影响（Crowther et al., 2007）。飓风还导致美国东南部大部分地区天然气短缺。据报道，卫生基础设施也在卡特里娜飓风之后崩溃（DeSalvo, 2018）。飓风过去的 7 个月内，该地区 22 家医院中仅有 15 家开放（Berggren、Curiel, 2006）。飓风破坏所造成的总损失估计为 2 000 亿美元（Dolfman et al., 2007），超过 100 人丧生。这个数字原本会更高，但在卡特里娜飓风发生之后，联邦政府采取了大举投资规划和干预措施，从而有效营救、疏散和保护了当地居民。

最近的 2017 年伊尔玛飓风（影响美国东南部和加勒比地区）造成了更大的经济损失，其中一个影响是橙汁期货价格迅速上涨，反映了佛罗里达州农业部门的预期损失。

5. 经验教训：系统性危机和经济增长

在许多情况下，经济增长都能使个别国家避免最严重的经济危机。例如，贫困会加剧价格上涨对粮食安全、营养不良和后续动荡的影响。受 2007—2008 年粮食危机影响最严重的国家都高度依赖粮食进口，而且普遍存在贫困和营养不良现象，海地就是这样一个例子。在撒哈拉以南的非洲地区，粮食供应有限，食物获得机会也很有限，其沿海地区（在诸如国际高价等全球经济方面面临更大风险）与粮价飙升导致骚乱的遭遇关联密切（Berazneva、Lee, 2013）。总体而言，贫困总人数、儿童死亡率和营养不良与爆发冲突正相关（Pinstrup-Andersen、Shimokawa, 2008），食物抗议活动在政府效力低下的国家最为暴力（Von Braun, 2008）。

在所有其他条件相同的情况下，经济增长和减贫可以降低个人层面的粮食缺乏程度，从而降低由气候 - 粮食冲击触发并导致冲突和暴力的系统性风险的可能性。不过，与 2007 —2008

年粮食危机的例子相反，由于此前的经济增长和发展性，泰国似乎更容易受到洪水灾害的冲击。举例来说，如果经济增长导致易受天气冲击影响的基础设施增多以及位于面临风暴或洪水威胁沿海地区的高价值物业增多，那么经济增长就可能放大而非降低系统性风险的影响和系统失灵的可能性。事实上，全球范围内的资产已经日益面临更严重的河流和沿海洪水的影响，如面临河流洪水风险的全球资产价值已经从 1970 年的 18 万亿美元增加到 2010 年的 35 万亿美元（Jongman et al., 2012）。这种风险加剧被归因为人口暴露度增大（8%）和财富暴露度增大（52%）所致，反映了人口和 GDP 的增长。展望未来，风险资产的增速有可能超过风险人口增速（Jongman et al., 2012）。

因此，随着时间的推移，人口、国家和经济体系是否会或多或少地遭遇与气候变化相关的系统性危机将取决于诸多趋势，如经济增长是否会使人口或多或少地受到系统性危机的影响，人口和资产的增长是否会或多或少发生在面临天气冲击的地区，政府可以在多大程度上采取行动以降低这些地区受影响人口的脆弱性等。

相比同样拥有高价值实物资产的低收入国家，高收入国家的沿海城市通常会受到更好的保护（Xian et al., 2018）。不过，上海和纽约并非如此。这 2 个城市有一些相似之处，它们都是本国的金融中心，人口密集，都遭遇过旋风 / 飓风和洪水的袭击。上海尽管不如纽约发达，但其防洪标准超过了纽约（Xian et al., 2018），反映出政府政策对于一个国家随着经济增长而遭受气候变化冲击的反应程度。

## 4.4.2　方法应用：粮食系统案例研究

粮食危机通常表现为继诱发因素的急、慢性发展之后的极端价格阵发性飙升，这种系统性危机会对若干社会领域产生负面影响。产量受到的冲击以及随后的收入和购买力损失显然会产生经济后果，但居高不下的粮食价格也会导致消极健康后果（尤其是在婴儿及其他脆弱群体中），以及家庭、社区和社会的结构崩溃。尽管人均粮食供应总量有所增加，但仍有可能发生粮食危机（Tangermann, 2011）。最近有充足的证据表明粮食系统存在系统性风险。除了 2007—2008 年全球粮食危机，叙利亚 2007—2010 年的干旱和作物歉收也与该国的长期冲突有关（Kelley et al., 2015），其粮食价格的上涨则与 2011 年的"阿拉伯之春"有关。我们认识到，系统性粮食危机最多只是部分植根于"自然"现象（Halvard, Tor et al., 2015），由短期粮食短缺和价格飙升触发的冲突和危机往往深深植根于对不公正、不平等、政治压迫、贫困、劳动纠纷和公共服务供应不足的不满（Bush, 2010; Smith, 2014）。尽管如此，随着粮食系统日益复杂和全球一体化，以及在气候变化的影响下历史上低概率高风险天气事件（如洪水、干旱和极端热浪）的日益频繁和严重，系统性风险正在加剧，因此需要更加积极的气候减缓活动，并开发更具韧性的系统。

表 4-1 利用本书第 1 章的图 1-2 所示的潜在粮食系统连锁风险的表征，概括了本章中有助于诊断系统缺陷并确认政策干预切入点的主要指标。下文各节将对这些内容进行简要讨论。

表 4-1 粮食系统中的备选系统性风险指标

| 初始危害：气候驱动型收获冲击 | |
| --- | --- |
| 危害指标 | • 产量 / 收成 |
| 风险指标 | • 交易产量比例<br>• 出口集中度 |
| 脆弱性指标 | • 库存用量比<br>• 粮食转移　- 生物燃料产量<br>　　　　　　- 生物燃料指令 |
| 后续危害 1：国际粮价飙升 | |
| 危害指标 | • 粮价趋势<br>• 粮价波动 |
| 风险指标 | • 粮食进口依赖度<br>• 战略粮食储备 |
| 脆弱性指标 | • 出口限制 |
| 后续危害 2：国内粮价飙升 | |
| 脆弱性指标 | • 易受营养不良、进口依赖和 / 或政治不稳定影响的国家数量的综合指标 |
| 后续危害 3：家庭粮食危机和国家不稳定 | |

1. 危害：气候驱动型收获冲击和趋势

本书第 3 章提出了一系列指标用于跟踪气候危害所导致的直接风险。与粮食系统最相关的指标用于指示极端天气状况对关键农产品生产粮仓（主要产粮国）的潜在影响，以及这些冲击是否会增强频率和强度，澳大利亚的连续干旱（"突发风险"示例）已被证明触发了 2007—2008 年的全球粮食危机。同样明显的是一种潜在的长期"蠕变风险"（creeping risk），如澳大利亚小麦的收成目前保持稳定，但其潜在收成呈下降趋势（图 4-12）。

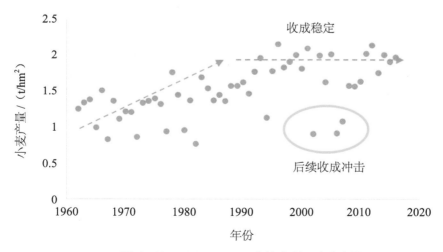

图 4-12　1960—2016 年澳大利亚小麦产量

（数据来源：FAO 统计数据库）

2. 国际粮食市场：粮食生产风险的暴露度和脆弱性指标

我们考虑用 4 个系列指标来表示国家粮食市场面对气候驱动型生产冲击的风险和脆弱性。代表风险的指标是全球交易产量的比例和少数国家的出口集中度。脆弱性的衡量指标一是粮食转移，用于表示可能危及主要粮食获取机会的需求驱动型因素，此处专指转移到生物燃料（但也可以开发一个平行指标，用于表明分配给牲畜饲料的主要粮食的比例）；二是库存用量比，用于表示全球及国内粮食库存的闲置程度。

（1）风险指标：交易产量比例和出口集中度

①交易产量比例：特定作物的生产冲击对于世界市场的影响可能部分取决于国际交易产量的比例。总体上会有较大比例的商品受到交易度高的商品的影响，然而，如果全球市场不景气（如大米），尽管绝对影响可能较小，但参与国际交易的市场部分仍会受到严重影响。此外，这种影响还在很大程度上取决于生产者对全球供应的重要性，以及生产空间的多样化程度（图 4-13）。

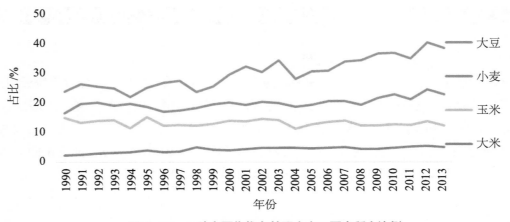

图 4-13　4 种主要作物在前五大出口国中所占比例

②出口集中度：少数国家控制着主要作物的出口。日益增加的集中度表明来自主要出口国的风险正在加大。图 4-14 显示出小麦和玉米出口市场随着时间的推移变得更加集中，表明"粮仓"的气候冲击风险略有下降。

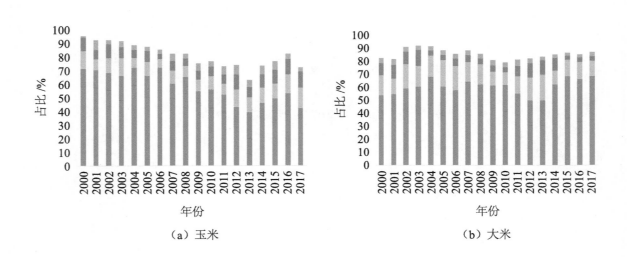

（a）玉米　　　　　　　　　　　　　　（b）大米

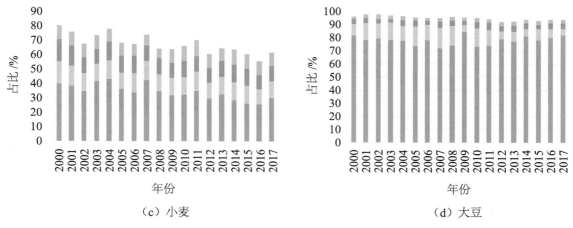

（c）小麦 （d）大豆

图 4-14 4 种主要作物在前五大出口国中所占比例

（数据来源：FAO 统计数据库）

（2）脆弱性指标：粮食转移和库存

①粮食转移：粮食向生物燃料生产的转移与高油价和政府的生物燃料指令相关；反之，向动物饲料转移会对全球粮价造成长期的上行影响（Headey、Fan 2008; Konandreas, 2012; Bertini et al., 2013）。全球乙醇生产的增速已经放缓，从而减轻了库存压力，但许多国家仍在执行生物燃料指令，因而不会将部分收成用于增加可能必要的粮食供应（图 4-15）。

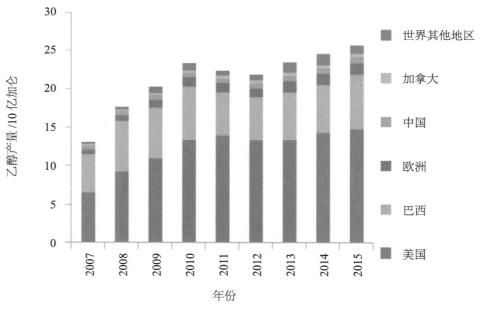

（a）2007—2015 年全球乙醇产量

UK-China
Cooperation on
中－英合作气候变化风险评估
——气候风险指标研究
Climate Change Risk Assessment:
Developing Indicators of Climate Risk

106 /

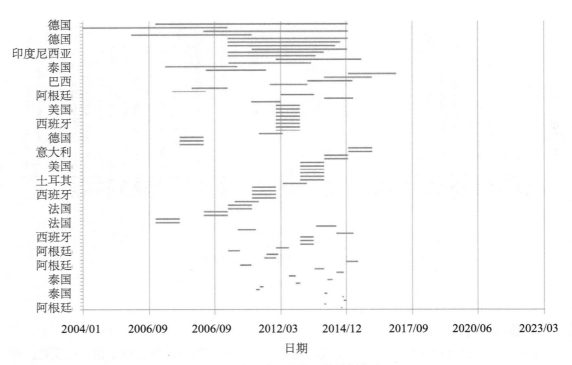

（b）各国有记录的生物燃料指令

**图 4-15　全球粮食向生物燃料转移情况**

［数据来源：（a）FAO 统计数据库[①]；（b）AMIS[②]］

②库存：2008 年以来，关键库存用量占比在持续提高。但在过去 4 年里，大米和粗粮的库存用量占比已经趋于稳定，表明系统不太可能缓冲这些关键粮食产区所受到的冲击（图4-16）。

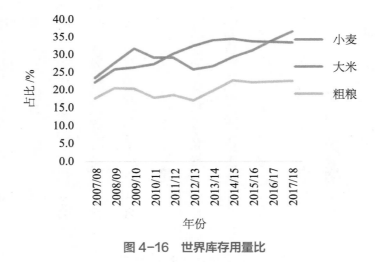

**图 4-16　世界库存用量比**

---

①www.afdc.energy.gov/data/.

②http://statistics.amis-outlook.org/policy/queryAndDownload.html.

3. 危害：国际粮价飙升

（1）粮食价格趋势

目前国际实际粮食价格与 20 世纪 90 年代相比较高，但与 20 世纪 60 年代的价格相当，并已从 2008 年和 2011 年的局部峰值有所下降。据观察，实际价格飙升发生在 1974 年 5 月、1980 年 1 月、1995 年 6 月、2008 年和 2011 年[①]。触发 2007—2008 年和 2011 年 12 月系统性危机的粮价飙升似乎应是继名义价格渐增之后发生（图 4-17），观察已下跌的实际粮价可以发现，最近的 3 次价格飙升也是如此。

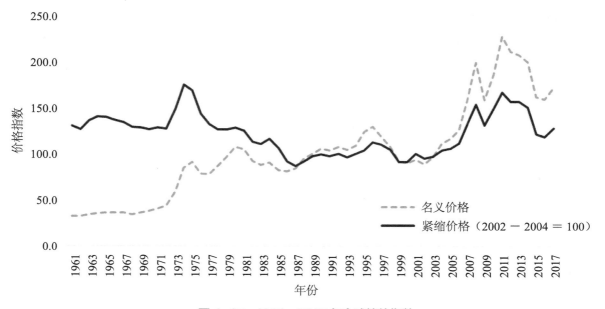

图 4-17　1961—2017 年全球粮价指数

（数据来源：FAO 统计数据库）

月度数据突显出更为极端的价格飙升，它们往往是针对预期的粮食短缺进行囤积、投机或实施出口禁令的结果（国际货币基金组织和联合国贸易发展会议，2011），但此处所指的年度价格则强调了长期价格趋势。2011 年以来，实际和名义粮食价格持续下降，表明全球粮食系统不易受到因重要出口国收成不佳而触发的系统性危机的影响（图 4-17）。

（2）粮价波动

除了绝对粮价水平，波动性倾向是国际市场是否发生粮价危机的另一个关键决定因素。事实上，正是出于对粮价波动的担忧，才促使 G20 决定建立 AMIS。生产者和消费者都有可能受到波动不确定性的负面影响，而那些依赖受影响商品的国家也会受到负面影响。对消费者而言，这可能导致减少营养食物消费量；对生产者而言，鉴于产地未来粮食收获价格的不确定性，风险管理是需要关注的问题。

---

① 粮农组织确认了 1972—1974 年、1988 年、1995 年和 2008 年的价格飙升：ftp://ftp.fao.org/docrep/fao/012/i0854e/i0854e01.pdf。

对历史性和前瞻性波动进行衡量具有指导意义的。历史性波动可预示近期的价格过度波动，因此可用于确定适当的应对措施，而前瞻性潜在波动（通常被视为一个恐惧指数）可以捕捉对于大规模市场波动的预期，通常涵盖未来 30 d 的时间。

4. 国内粮食市场：面对国际市场危害的风险和脆弱性指标

（1）风险指标：储备和进口依赖性

各国面对全球粮食市场扰动的关键风险指标是它们对国际进口的依赖程度、国内价格对国际价格的敏感程度，以及该国是否有自己的粮食储备（Ivanic et al., 2012）。特别是依赖粮食进口的国家更容易受到全球粮食系统性风险的影响（Ahmed et al., 2009; d'Amour et al., 2016）。战略粮食储备一直是降低进口、中断风险的重要手段，不过，随着鼓励各国政府更多依赖市场和私营部门商品链来应对价格上涨，这个手段已经不再普遍应用（Fraser et al., 2015）。所以，在此我们主要关注进口依赖度。

各国相对于自行生产的谷物进口依赖度[①] 是国际粮农组织粮食不安全系统指标的一部分。高度依赖进口的国家正在增多（图 4-18），这表明粮食部门系统性风险在增加，尽管国内所受到的异常冲击有可能降低。

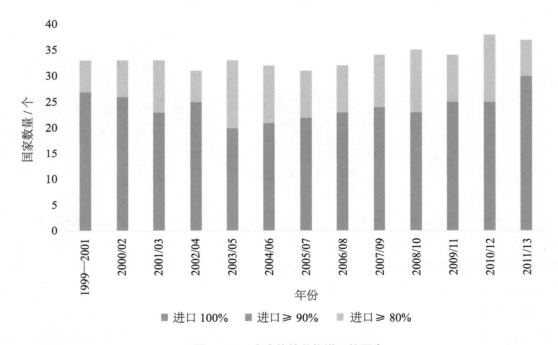

**图 4-18 高度依赖谷物进口的国家**

（数据来源：FAO 统计数据库）

更复杂的指标将考虑到区域一级的进口依赖度和粮食储备。战略性库存的建设有可能代价高昂，尤其是在农业比较优势极低的国家，或者治理薄弱可能导致管理不善的国家（Bailey、Wellesley, 2017）。但对于那些认为自己严重依赖进口而面临风险的国家，战略储备可以降低因意外进口削减而产生的脆弱性，发展战略储备因此更具意义。

---

① 谷物进口依赖度＝（谷物进口－谷物出口）/（谷物产量＋谷物进口－谷物出口）。

（2）脆弱性指标：出口限制

总体而言，个别国家针对触发事件实施的出口限制有可能通过国际市场粮食短缺导致的快速涨价来放大冲击。在价格开始上涨阶段实施出口限制放大了 2007—2008 年的冲击，被公认为是主要谷物涨价的促成因素（Headey, 2011; Tangermann, 2011）。由于无法强迫各国废除针对冲击的出口限制，则需要采用涵盖更大自给率、更多储备以及双边或区域协议的"次优"途径（Headey, 2011）。提高各国的出口限制透明度也很重要，因为，我们很难确认在粮食冲击之后实施出口限制的国家数量指标（Sharma, 2011; Howse、Josling, 2012）。尽管如此，历史数据既能表明各国实施限制的倾向，也能用于监测潜在粮食危机爆发之前的限制状况。出于这些原因，我们纳入了 AMIS 成员国的出口限制数据库，该数据库由农产品市场信息系统维护（图4-19），区分了限制类型及其持续实施时间，且表明 2011 年以来实施限制国家的数量变化不大。

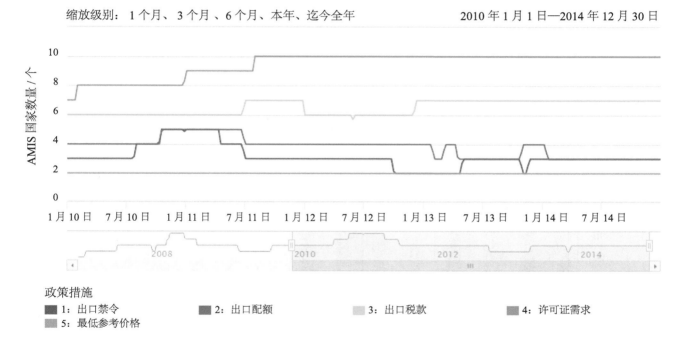

缩放级别：1 个月、3 个月、6 个月、本年、迄今全年　　　　2010 年 1 月 1 日—2014 年 12 月 30 日

政策措施
■ 1：出口禁令　　　■ 2：出口配额　　　■ 3：出口税款　　　■ 4：许可证需求
■ 5：最低参考价格

注：本图不包含混合商品类别；各国干预措施针对不同类别，通常针对 HS8 或 HS10 数字水平。

**图 4-19　对小麦、玉米、大米或大豆实施出口限制的 AMIS 国家数据库**

（数据来源：AMIS）

5. 国家营养和非粮食影响：面对国内粮价风险的暴露度和脆弱性指标

如果国家粮食价格和市场动态不能避免来自境外的危害和扰动的影响，那么这些超国家动态就有可能影响国内价格（与国际价格所述方式相同），并反过来影响国内的人口和机构，不利的营养状况、经济和政治后果都有可能发生。

将大部分收入用于购买食物的贫困家庭，以及高度依赖少数一成不变的主粮作物的家庭，尤其容易受到粮食价格上涨的影响。那些已经营养不良的人或者意识到自己处于粮食不安全状态的人，最容易受到膳食质量下降和数量减少的影响。基于这一原因，我们分析了家庭消费中食物支出的比重。图 4-20 采用最新的可得数据，显示了不同消费支出比重对应的国家数目，

110 /
中－英合作气候变化风险评估
——气候风险指标研究

UK-China
Cooperation on
Climate Change Risk Assessment:
Developing Indicators of Climate Risk

说明了相比特定国家或地区分析而言，国家比较的结果具有分析意义。此外，我们建议采用 FAO 的指标"来自谷物及根茎的膳食能量比重"[1]来反映一国的食物多样性。

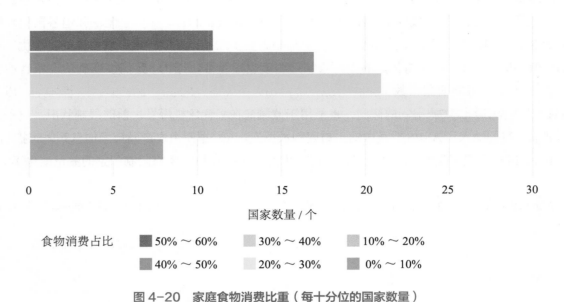

图 4-20　家庭食物消费比重（每十分位的国家数量）

［数据来源：经济情报部（2017）；全球粮食安全指数］

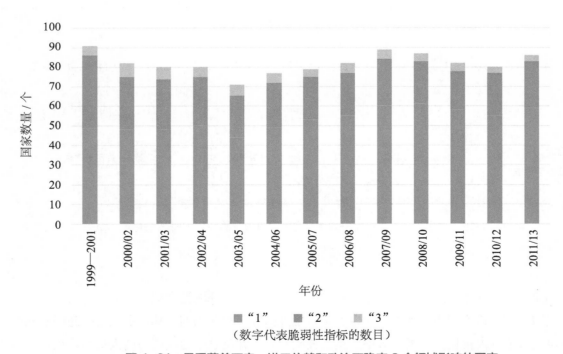

图 4-21　易受营养不良、进口依赖和政治不稳定 3 个领域影响的国家

（数据来源：FAO 统计数据库）

注：数据完整国家的数量＝ 122 个；进口依赖度＝ 1，若"粮食进口依赖率"＞ 50%；政治不稳定度＝ 1，若"政治不稳定和不存在暴力"指标≥ 1；营养不良率＝ 1，若"若营养不良普及率"指标＞ 20%。

————————
[1]http://www.fao.org/economic/ess/ess-fs/ess-fadata/.

各国政府可以在全球价格冲击发生之后采取一系列行动以减少国内粮价波动和家庭脆弱性，包括补贴、价格管制、减税、现金转移、以工代赈、学校供餐等安全网计划（Wodon & Zaman, 2009）。但在政府能力薄弱或不稳定的情况下，这些措施很可能不够可行或有效，从而会加剧价格冲击风险。在政府效率低下的国家，食物引发的抗议活动最具暴力性（Von Braun, 2008）。此外，营养不良、贫困、粮食不安全状况以及低社会 - 经济发展指标被认为是武装冲突的关键决定因素（FAO，2017）。

我们利用 FAO 统计数据库的数据设计了一个综合指标进行对比和分析，图 4-21 中所涉及的国家在以下部分或全部指标领域得分极低：营养不良、进口依赖和政治不稳定。尽管趋势表明大部分国家在其中某个领域的得分较高，但在所有 3 个领域得到高分的国家数量有所减少。

UK-China
Cooperation on
中－英合作气候变化风险评估
——气候风险指标研究
Climate Change Risk Assessment:
Developing Indicators of Climate Risk

# 4.5　结论与关键信息

与气候相关的影响将日益威胁到复杂人类系统的稳定性，如果这些系统的发展会加剧影响的暴露度（如通过关键基础设施所在地区产生影响）或加剧破坏脆弱性，情况将更加糟糕。由气候危害触发的系统性危机已经在发生，无论这些气候危害是突发性的冲击还是渐进性的蠕变风险，一旦通过国家和全球层面日益复杂交互的社会 - 经济系统发生了扩散和放大，这些威胁就会成为现实。系统越复杂、系统的联系越紧密，系统性风险的潜在影响就越大。系统性危机难以预测，并以不同方式呈现，而且无论是在经济、社会、政治方面还是环境方面，代价都将很大。

在中国，冰川融化导致的洪水和水资源短缺有可能加剧西部地区和邻国的贫困和移民风险，而媒介性疾病的传播可能触发连锁风险进而影响教育系统和旅游部门，并催生跨境的紧张局势。

对于主要出口国，其农业生产直接风险的加剧有可能对全球粮食系统的稳定性造成严重的负面影响，并对已经受到负面影响的粮食安全脆弱国家造成更广泛领域的风险。国际粮食市场的最近几轮波动说明了全球粮食系统面对极端天气的脆弱性，并证明了风险的跨境传播方式及其促成社会不稳定的可能性。其他"处于风险中"的复杂系统还包括金融、健康和关键基础设施。

政府不能假设经济增长只会降低风险。在某些情况下经济增长有可能降低脆弱性，如较富裕人口不易受到粮价波动的影响，但在其他情况下则有可能加剧风险，如在中国东南部的沿海富裕城市，人口和资产在危险地区累积。因此，各国不一定都要为系统性危机的风险盲目"支付成本"。

气候变化和温度升高更有可能导致系统产生高度非线性的响应并趋近临界点，这使系统性风险的气候触发情形可能变得更加频繁和严重（第 3 章），从而导致各国无法适应的不可逆转的变化。因此，减缓气候变化对于遏制此类事件的发生至关重要（第 2 章）。减缓需要全球合作，因为各国的行动回报与其独自贡献比例并不成正比；从另一方面来说，减缓代表着全球共同受益，它可以延缓大气变暖，从而降低全球气候危害的频率和严重程度。

在应对系统性风险时，采取气候适应措施及针对潜在风险的连锁反应而不断提升特定灾害韧性的行动都是必要的。上文提及的间接风险的跨界性质意味着单方面的应对是不充分的。尽管适应行动的主要受益者往往是执行此类行动的个人和国家，但国家适应战略不一定能充分应对跨界风险。从某种程度上看，如果寻求孤立或以邻为壑的方式，通过单方应对来降低系统性风险的暴露度和脆弱性，则可能在无意间加剧系统性风险。基于这种考虑，各国采取协调一致的合作应对措施会更有益。例如，粮食系统内的有效行动可能包括个别国家的气候智慧型农业实践、改善营养的承诺、采取应对通胀价格的社会保护机制、开展国际合作以及保持透明度以避免施行粮食出口禁令、确保充足的粮食库存。

尽管系统性风险的规模和频率可能正在增加，并对商业活动和投资决策造成影响，但全球尚未经历真正意义上的大规模系统性危机。不过，在全球气温升高 4 ~ 5℃的情况下，非线性和临界点可能导致性质上全然不同的新危机，并造成永久性的系统变化，这种潜在风险将给全球合作带来新的挑战，并对构建新的全球气候治理机制提出要求。

## 4.5.1　对政策制定的影响

### 1. 需要加强有关减缓气候变化的国际承诺与合作

气候变化所催生的系统性危机给很多国家带来了高昂成本，这一点无须深究。但在国家层面，与适应气候变化的动机相比，减缓未来升温的动机不够强烈。因此，决策者越来越有必要确认哪些气候变化减缓行动领域具有显著的国家利益。例如，通过减少化石能源燃烧来减少点源空气污染对附近居民的健康具有直接利益，同时也有助于限制温室气体排放，减少登革热等气候敏感性疾病的潜在地域扩散（Watts et al., 2018）。

系统性风险的可能性和成本往往被低估，因此需要通过更大和更直接的努力来更全面地了解由气候引发的不同系统性风险（如金融市场、全球粮食系统、健康系统、关键基础设施系统）的性质，以及这些风险给高、低收入国家带来的成本。将有关系统性风险的概率和成本纳入考虑，有助于加强国际气候变化减缓行动，并推动系统性风险管理合作的不断完善。

中国通过加速对脱碳行动、技术和基础设施的投资，并就国内气候影响（如本章所述）开展基于证据的科学评估，有机会在这一领域发挥更多的引导作用。

鉴于贫困是许多系统脆弱性的主要促成因素，有必要在联合国可持续发展目标框架内加强国际减贫领域的合作，重点在于改善气候适应和气候韧性能力建设（尤其是在高风险、低收入国家），同时确保减贫战略支持气候减缓行动。中国已经在气候变化领域发挥着重要的引导作用——通过 2030 年议程框架内的南南合作帮助低收入国家应对气候变化的挑战，这些努力是在协调发展目标、减缓行动和长期气候韧性方面开展更加广泛的国际合作的范例。

### 2. 需要通过新的治理安排来管理系统性风险

要克服系统性风险管理中固有的协调性和域外性等特殊挑战，需要在国际、区域和国家层面采取针对特定风险系统的新治理手段。鉴于建立新机构和发展现有机构需要很长的准备时间，应立即着手制定风险管理框架，并确认联合风险监测的数据要求。正如我们对全球粮食系统分析所证明的那样，即使极端气候影响并未加剧，在易于发生连锁风险的多个节点实施风险管理也是大有助益的。

### 3. 中国需要加强针对国内系统性风险的管理行动

中国需要采取必要的行动以降低因长期潜在气候危害和突发性气候冲击导致系统性危机的可能性。

（1）减少潜在气候危害引发的系统性风险

一是提高国家决策者和整个社会对气候安全风险的认识，并将气候安全目标纳入国家安全战略。在现有国家治理框架下整合各部门的气候风险管理战略目标，并围绕这一点提升机构能力建设。

二是基于预防原则充分考虑所有规划框架内的气候风险，尤其要将气候安全规划纳入国家中长期战略规划、国家经济和社会发展规划、城市总体规划、土地利用规划和主体功能区规划。

三是明确中国新设立部委（包括生态环境部、自然资源部、应急管理部和国家卫生健康委员会）的各种气候变化风险职能，确保这些新机构具备应对气候风险的必要能力。

四是确保国家扶贫工作力度，尤其是在根深蒂固的贫困地区，并将气候风险预防措施和系统明确纳入其工作领域。

（2）减少突发性气候冲击引发的系统性风险

一是在城市化和城市群发展进程中明确低碳发展、气候适应和韧性目标，以避免气候风险扩散并触发系统性危机。

二是加强多层级多部门协同的风险应急管理体系，如监测（包括健康风险监测）、预警和应急响应系统，以避免风险蔓延；提升应急管理系统的综合性和协同能力，并由牵头政府部门协同各机构制订综合应急方案。

## 4.5.2　对风险评估与监测的意义

系统性风险指标可以利用相关来源提供的公开数据进行更新（如本章全球粮食系统风险部分所示）。在任何时候，将当前指标与历史平均值或以往极端值进行对比，都可以为所关注系统的稳定性或脆弱性提供参考信息。随着时间的推移，这些指标的趋势将会为我们提供更多的预判信息，如系统会趋向更大的稳定性（或韧性）还是不稳定性或脆弱性。这有助于决策者判断系统革新的必要性，并有助于判断是否需要采取其他措施以管理风险并避免系统失灵。

鉴于迫切需要针对系统风险的连锁反应来提升应对气候变化及其他危害的韧性，我们建议对相关风险进行评估的机构应考虑如何对其评估内容进行定期和连续的更新，允许跨时间的可比性，并为决策者提供上述支持。尤其是与本章所讨论的系统性风险的相关知识及责任机构应做好准备，将这一概念性的风险指标纳入一个全面的风险监测框架。这些风险指标如下：

（1）与 FAO 和 AMIS 的粮食系统风险相关的指标，其中 FAO 的指标包括了农业和土地利用排放风险；

（2）与 BIS 和金融系统风险有关的数据；

（3）与 WHO 的健康系统风险相关的数据；

（4）与 WB 及其他多边开发银行的关键基础设施风险相关的数据。

## 参考文献

[1] 陈明星,李扬,龚颖华,等.胡焕庸线两侧的人口分布与城镇化格局趋势——尝试回答李克强总理之问 [J].地理学报,2016,71(02):179-193.

[2] 刘小波,吴海霞,鲁亮.对话刘起勇:媒介伊蚊可持续控制是预防寨卡病毒病的撒手锏 [J].科学通报,2016,61(21):2323-2325.

[3] 乐施会.气候变化与精准扶贫 [R].2015.

[4] 刘俊,鞠永茂,杨弘.气候变化背景下的城市暴雨内涝问题探析 [J].气象科技进展,2015,2(5):62-65.

[5] 马忠玉.宁夏应对全球气候变化战略研究 [M].银川:阳光出版社,2012.

[6] 潘家华,郑艳.气候移民概念辨析及政策含义——兼论宁夏的生态移民政策 [J].中国软科学,2014(2).

[7] 秦大河,张建云,闪淳昌.中国极端天气气候事件和灾害风险管理与适应国家评估报告 [M].北京:科学出版社,2015.

[8] 徐影,周波涛,郭文利,等.气候变化对中国典型城市群的影响和潜在风险 [G]// 王伟光,郑国光.应对气候变化报告(2013):聚焦低碳城镇化 [M].北京:社科文献出版社,2013.

[9] 郑大玮,阮水根.北京 7·21 暴雨洪涝的灾害链分析与经验教训 [C]// 北京减灾协会.首都圈巨灾应对高峰论坛——综合减灾的精细化管理(论文集)[A],2013.

[10] 郑艳,翟建青,武占云,等.基于适应性周期的韧性城市评估——以海绵城市和气候适应型城市为例 [J].中国人口·资源与环境,2018(3).

[11] BAI L, DING G, et al. The effects of summer temperature and heat waves on heat-related illness in a coastal city of China,2011-2013[J]. Environ Res, 2014, 132: 212-219.

[12] BAI L, MORTON L C, et al. Climate change and mosquito-borne diseases in China: a review[J]. Global Health, 2013, 9: 10.

[13] BENITEZ M A. Climate change could affect mosquito-borne diseases in Asia[J]. Lancet, 2009, 373: 1070.

[14] CHEN B, Liu Q. Dengue fever in China[J]. Lancet, 2015, 385(9978): 1621-1622.

[15] HUANG F, TAKALA-HARRISON S, et al. Prevalence of Clinical and Subclinical Plasmodium falciparum and Plasmodium vivax Malaria in Two Remote Rural Communities on the Myanmar-China Border[J]. Am J Trop Med Hyg, 2017, 97(5): 1524-1531.

[16] HUNDESSA S, LI S, et al. Projecting environmental suitable areas for malaria transmission in China under climate change scenarios[J]. Environ Res, 2018, 162: 203-210.

[17] YANG J, ZHOU M G, OU C Q, et al. Seasonal variations of temperature-related mortality burden from cardiovascular disease and myocardial infarction in China[J]. Environ Pollution, 2017, 18(16): 32268-32260.

[18] LAI S, HUANG Z, et al. The changing epidemiology of dengue in China,1990—2014: a descriptive analysis of 25 years of nationwide surveillance data[J]. BMC Med, 2015, 13(1): 100.

[19] LI C, LU Y, et al. Climate change and dengue fever transmission in China: Evidences and

challenges[J]. Sci Total Environ, 2017, 622-633: 493-501.

[20] REN Z, WANG D, et al. Predicting malaria vector distribution under climate change scenarios in China: Challenges for malaria elimination[J]. Sci Rep, 2016, 6: 20604.

[21] XU L, STIGE L C, et al. Climate variation drives dengue dynamics[J]. Proc Natl Acad Sci USA, 2017, 114: 113-118.

[22] YANG J, YIN P, et al. The burden of stroke mortality attributable to cold and hot ambient temperatures: Epidemiological evidence from China[J]. Environ Int 2016, 92-93: 232-238.

[23] ZHENG Y, PAN J H, ZHANG X Y. Relocation as a policy response to climate change vulnerability:The arid region of northern China, In ISSC and UNESCO (eds), World Social Science Report 2013: Changing Global Environments[M]. OECD Publishing and UNESCO Publishing, Paris. Routledge.

[24] IMMERZEEL W W, VAN BEEK L P H, BIERKENS M F P, et al.Climate Change Will Affect the Asian Water Towers[J]. Science, 2010, 328(5984): 1382.

# 结论和建议 *

# 5.1 排放风险

本书开发了一个监测全球排放风险的框架，并采用了逐步细化的 3 层指标。通过初步的概念验证，其适用于能源部门的二氧化碳排放，但原则上看还可以用于非二氧化碳温室气体，并适用于农业和土地利用部门。该框架结构如下：

第 1 层：2 个"宏观"指标，用于跟踪经济活动的能源强度和能源消耗的排放强度。

第 2 层：7 个能源部门的指标，用于跟踪一次能源生产、最终能源消耗和发电的能源结构。

第 3 层：12 个与政策相关的分部门指标，用于跟踪能源部门脱碳的进展情况。

这一研究结果表明，如果减排和技术部署的进展继续与历史趋势保持一致，那么到 2030 年能源部门的 $CO_2$ 排放量将继续缓慢上升，然后保持在 35 Gt 左右（比目前高 3 Gt）。这与将温升限制在远低于 2℃ 的《巴黎协定》目标不符，该目标要求全球排放达到峰值并于 2030 年之前大幅度下降。而现有趋势与 2100 年中位温度升幅约 2.7℃（10%～90% 的范围为 2.1～3.5℃）相一致，低于 2℃ 的可能性低于 5%，超过 3℃ 的可能性约为 25%。

如果排放政策制定停滞在当前水平上，而不是继续根据历史趋势予以收紧，这将使全球处于高排放路径，与升温接近 RCP8.5（第 3 章中所用的高排放情景）所预测的水平一致。

自 2000 年以来，单位 GDP 的能源消耗量每年下降约 1%，而下降速度需要加速到超过 2.5% 才能达到《巴黎协定》的温度目标。同时，单位能源消耗的 $CO_2$ 排放水平也需要在 2020 年左右降低 2% 左右，在 2030 年后要下降 4% 以上，尽管近期在政策方面已开展了一些工作，但自 2000 年以来该排放水平已略有上升。因此，需要尽快加速实现向高效率、低碳能源系统过渡的步伐。

在分部门层面，12 个选定指标中只有 1 个（成熟的可再生能源）符合达到 2℃ 目标所需的速度，其他指标并未达到必要的速度，然而其中的 5 个指标（客运、工业部门消耗的燃料排放强度、住宅和商用建筑的能效以及核电装机容量的部署）已经显示出近期取得了一些改进，但需要在政策方面开展更多的工作，另外 6 个指标显著偏离轨道，需要采取紧急的政策关注。这 6 个指标分别是碳捕集和封存、货物运输、先进生物燃料的生产和消费水平、能效提升、工业部门零碳燃料份额以及建筑部门零碳燃料消费水平。

除了为定期监测排放风险的框架提供概念验证外，以上结果还为决策者提供了有关能源部门必须进行的额外减排规模以及最需要政策关注领域的宝贵信息。因此，随着各国政府准备评估最新进展并开展关于修订其 NDC 的讨论，以上结果对即将到来的全球盘点和《联合国气候变化框架公约》（UNFCCC）促进性对话具有明显的作用。

# 5.2　直接风险

作为概念验证，我们研究了气候变化对极端高温、水资源、河流和沿海洪水以及农业的潜在直接影响。同时，还论证了如何在全球和国家尺度上通过对未来低排放和高排放情景的预测来描述这一影响。我们根据高排放情景下90%信度区间定义了可能的"最坏情况"影响。

如第2章所述，如果减缓行动在当前政策层面停滞不前，全球将会处于与RCP8.5大致相似的排放路径上。在这种高排放情景下，到2100年全球平均温度升高和全球平均海平面上升的中心估计值分别约为5℃和80 cm。然而，这种增加值还可能会更高，并且在可能发生的"最坏情况"下温度和海平面的升幅可能是7℃和100 cm。

在全球尺度上，可能发生的"最坏情况"对高排放路径的影响极具挑战性：大约90%的年份中至少会发生一次热浪（现在约为5%）；全球平均水文干旱的频率将增加一倍，发生农业干旱的概率将增加近10倍；河流洪水的频率将增加10倍，沿海地区发生100年一遇洪水的面积将增加50%；大约80%的年份中都将出现可能会影响玉米生产的高温（目前为5%），而在超过90%的年份中玉米成熟所需的时间将大幅度降低，从而显著影响生产力。人类受到的影响（热浪、干旱和洪水）取决于社会-经济情景，而在高人口情景下，与当前相比，影响增加的可能性非常大。

在中国，到21世纪末，热浪的数量可能会增加3倍，冰川质量可能会减少近70%，从而影响中国西部缺水地区的水资源供应。整个中国的降雨量增加表明全国径流总量可能会增加（尽管减少似乎是合理的），但中国各地的变化幅度很大。受干旱影响的农田年平均面积可能会增加1.5倍以上，大米产量在约80%的年份中可能受到高温损害的显著影响（目前为20%），这意味着中国粮食产量损失会高达20%。到2050年，超过1亿人将可能面临沿海洪水风险。

# 5.3 系统性风险

我们已经认识到几乎所有对复杂、相互关联的系统造成的破坏都将产生广泛的影响，而且这种影响无法模拟，因此本书采用描述的方法来展现最初由（直接）气候影响引发的连锁间接影响所造成的系统性破坏。通过确定系统内关键传输点的暴露度和脆弱性指标所关注的领域，可以从总体上描绘出整个系统脆弱性的图景，这些指标还为监测系统风险随时间的演变提供了基础。

在全球层面，本书为全球粮食系统提供了概念验证；在国家层面，则为直接气候影响对当地社区和经济产生的一级间接风险的定量分析提供了概念验证。反过来，这些风险也可能会导致更高阶的间接影响，如城市不安全、贫困程度提高和内部迁徙等。这些方法可以应用于国际、区域和国家层面的其他复杂系统，包括金融、卫生和关键基础设施等。

近期出现的几轮全球粮食系统的不稳定情况，如 2008 年全球粮食价格危机和 2011 年小麦价格飙升，都表明系统性风险通过连锁效应可以对人口和经济产生严重后果，如增加市场、技术和基础设施的连通性以及由潜在的人口和发展趋势导致的人口和资产风险增加等长期趋势，均意味着许多系统性风险都可能增加。气候变化将通过增加气候影响触发事件的频率和严重程度来加剧这一点，如在粮食系统中出现的农业干旱问题，可能会通过减少长期产量增长或破坏脆弱的粮食进口国的经济增长而使系统的脆弱性增加。

系统性风险就其性质而言是难以预测和防控的。避免高排放路径可以减少但无法消除风险，如最近的粮食系统情况正说明了极端天气已经使系统性风险有所增加。同时，经济增长也不一定会降低系统风险。在某些情况下，它或许有助于降低脆弱性（如较富裕人口不易受到粮食价格波动的影响），但却可能增加其他方面的风险（如人口和关键基础设施聚积在风险较大的区域，就像中国三大城市群一样，或者像飓风卡特里娜袭击美国墨西哥湾海岸时所见的一样）。此外，间接系统性风险的跨界特征意味着单方面的响应是不够的。国家适应战略可能无法充分应对境外风险，在某些情况下，如果以孤立或以邻为壑的方式单方面采取措施降低系统风险的暴露度和脆弱性，反而可能会无意中增加系统风险。随着未来各系统变得更加复杂和相互联系，各国之间需要开展合作和采取新的治理措施来管理跨界风险。

# 5.4 对决策者的建言

本书基于现代气候变化科学研究评估了 3 类气候风险并制定了指标：①未来全球温室气体排放的路径及其风险；②全球温室气体排放给气候系统带来的直接风险；③气候变化与复杂人类系统相互作用所产生的系统性风险。对于这些风险的研究发现将对政府、国际组织以及私营部门的决策者产生一系列重要的影响。

## 5.4.1 各国需要高度重视应对气候变化风险

作为非常规的安全风险，气候变化的直接和系统性影响应被纳入国家和全球安全风险评估。应对气候变化所带来的影响以及实施低碳发展应被视为经济和社会发展战略的重要部分，推行低碳经济需要有更大的决心和政治勇气。

## 5.4.2 若要实现低排放路径并避免高排放路径必须加快减排步伐

能源行业脱碳并未按所需的速度推进，而脱碳的决心必须要有阶跃式变化。沿袭现有的政策努力和技术发展不足以到 21 世纪末将温升限制在远低于 2℃。政策的任何停滞或倒退都有转向更符合 RCP8.5 的高排放路径（到 2100 年达到 5℃中位升温）的危险。促进性对话及全球盘点可以为防控全球排放风险的共同行动带来重要机遇。

## 5.4.3 在低排放和高排放两种情景下未来的风险不仅无法消除还有上升的可能

决策者应对未来所有排放情景下不断增加的直接风险和系统性风险做好准备。人群和财产对直接和间接影响的暴露度日益加大，有可能是直接风险及系统性风险的重要驱动因素。在全球尺度上，直接影响的频率及严重程度与日俱增，这将加大系统性破坏触发事件的风险。由于更广泛的全球供应链以及相关技术和系统等使复杂性日渐加大，有可能加剧系统性风险。

## 5.4.4 需要新的治理措施来防控系统性风险

克服系统性风险管理中固有的协调性及跨国性特殊挑战，需要在国际、区域和国家层面采取新的治理措施。由于许多系统性风险都会引起国家和国际安全方面的关注，因此应将这些关注及当前的安全部门组织纳入未来的治理范畴。鉴于建立新机构以及发展现有机构需要很长时间，各国政府应立即着手充分了解由气候问题引发的不同系统性风险的性质（如针对金融市场、全球粮食系统、卫生系统、重要的基础设施系统等）、开发风险管理框架并研究关于共同风险监测的有关资料。

## 5.4.5 存在着超过临界点的重大风险

21 世纪，超过气候系统临界点的概率会随着温度的上升而增加，在高排放路径上超过关键阈值的风险尤为显著，特别是到 21 世纪末，可能出现的"最坏"升温达 7℃。最新研究表明[1]，在较低排放路径上也存在着超临界点的重大风险。较低升温水平（可能在 2℃左右）就可能会达到某些阈值，并引发一连串的临界要素，从而加快气候变化并产生灾难性的直接和间接影响。例如，格陵兰冰盖加速融化可能导致海平面的快速上升并减缓大西洋翻转环流，给天气形势带来深远影响，而且还会促使南极海冰融化。这些变化的后果包括（亚马孙雨林顶梢枯死）意味着将导致更高的大气碳水平以及农业产量的灾难性下跌。

## 5.4.6 决策者应立足未来气候风险的长远情景

令人担忧的直接风险和系统性风险将会影响长期决策和长期投资。例如，目前建成的基础设施是否到 21 世纪末风险更为严重时仍可运行，再造林或造林的长期碳封存效果将取决于相关地区未来的气候变化。因此，重要的是决策者要考虑下个世纪各类气候变化风险，包括高排放路径的概率以及相关的直接和系统性风险可能带来的"最坏结果"，从而确保其决策最终能够抵御气候变化风险。

## 5.4.7 将气候风险和韧性的分析纳入决策可带来更广泛的经济效益

在同等条件下，如果基础设施有韧性且风险管理有力度，这类经济体就可能会享有更低的资金成本并吸引更高的投资；对韧性投资给予的主要财政激励措施也可以在受到冲击之后起到保护民众、避免增加成本和保护现金流的作用。若在投资时只注重眼前利益则会导致对具韧性的基础设施的低效资本分配，从而使此类投资的实际需求受阻。例如，政府不希望投入额外的前期资本成本和政治机会成本；投资者缺乏指导其资本分配的相关基准和工具；多边开发银行力图评估和报告其业务的韧性。因此，重要的是，投资评价方法能够更好地对有形气候风险定价，以使净现值能够反映出韧性的提升；设计资本市场工具，通过整合保险风险引导资本投向具有韧性的基础设施项目；对信用评级方法做出调整以促进其对韧性的评估并为韧性项目提供更高的资本成本。

## 5.4.8 加快目前的减缓努力来改善未来气候韧性的前景

虽然无法消除未来的风险，但加快和提升目前减缓行动的决心可以为尽量减少气候灾害以及避免触及气候适应极限带来最佳前景。推迟采取行动将限制未来的发展，而目前更具魄力的经济、社会、技术和政治转型会使未来应对气候风险的韧性前景最大化。

---

[1]Steffen, W. et al. Trajectories of the Earth System in the Anthropocene. *PNAS*,2018, 115(33): 8252-8259, http://www.pnas.org/content/115/33/8252.

# 5.5　对风险评估和监测的建言

　　本书的关键结论是建立气候风险的定期统一评估和监测框架是可行的。

　　2015 年的《气候变化：风险评估》报告论证了如何使用与气候变化相关的风险评估一般原则，这些原则包括评估与目标有关的风险、确定最大风险、考虑各种可能性、利用最有效的信息、具备大局观、具有明确的价值判断。

　　在本书中，我们根据一系列指标证明了关于排放风险、直接风险和系统性风险的定期统一评估及监测框架的概念验证。书中提出的方法尚需进一步细化和改进，但其易于掌握并可作为决策依据，同时还可以根据政府或某些机构定期汇编或发布的数据进行更新。

## 5.5.1　排放风险指标

　　排放风险指标可利用 IEA 数据库的信息统一更新。定期更新这些指标（如每年）可以显示出清洁技术的部署率是在朝着符合"远低于 2℃"目标所需的趋势靠近，还是与之进一步背离。

　　从长期来看，符合 2℃ 的情景中假定的各项技术其本身是可能发生变化的，这同样将影响指标。因而，在假定情景中的任何变化都应受到重视，并需要对其变化趋势进行动态监测，因为这将为决策者提供针对不同清洁能源技术的重要专家评判信息。

## 5.5.2　直接风险指标

　　直接风险指标的更新可以反映关于气候敏感性以及一般气候变量（如温度或海平面上升）与具体影响和极端事件概率之间关系的科学知识及专家评判方面的重大变化。此类重大变化不会经常出现，但经过较长一段时期，这些指标的趋势将为决策者提供有效信息，以此来判断科学界是否低估或高估了风险。在每种情况下，对指标所有的变化原因进行分析十分重要，以区别现实世界的变化影响和模拟假设的变化影响。

　　此外，直接风险指标的更新还可以反映人口暴露度和脆弱性的变化。这些趋势将逐渐表明这些适应性挑战是在增加还是在减少，从而为优先发展重点和投资决策提供依据。

## 5.5.3　系统性风险指标

　　系统性风险指标可利用相关来源的公开数据加以更新。例如，FAO 和 AMIS 的官方统计资料已用于制定全球粮食系统风险指标。无论何时都可以将当前指标与历史平均值或过去的极值加以比较，以得出重要系统的稳定性或脆弱性信息。这些指标的趋势使我们能够深入了解该系统是否正趋于更加稳定（或更具韧性）或趋于不稳定和／或脆弱；同时，有助于决策者评判是否需要通过系统改革或采取其他措施来管理风险及避免系统失灵。

鉴于迫切需要加快减排步伐，以及迫切需要建立更强的气候变化韧性，我们建议负责评估所有气候变化风险的组织应考虑如何定期统一更新其评估报告，使之具有跨时间的可比性，并使决策者从中得到助益。

尤其是书中提到的一些具有专业知识和职责的机构，它们完全有能力将以上风险指标概念验证发展成为全面风险监测框架：

（1）IEA，负责能源排放风险相关数据；

（2）IPCC，负责直接影响风险相关数据和专家评判；

（3）FAO 和 AMIS，负责粮食系统风险指标相关数据（FAO，负责农业和土地利用排放风险相关数据）；

（4）BIS，负责金融系统风险相关数据；

（5）WHO，负责卫生系统风险相关数据；

（6）WB 及其他多边开发银行，负责重要基础设施风险相关数据。

鉴于各国政府可以从气候变化的风险以及相关风险指标趋势的研究中受益，因而对于一个国际机构而言，重要的是率先将不同来源（如上述机构）的指标汇编成单一集合。例如，鉴于联合国秘书长办公室在联合国系统中的顶级地位以及与联合国大会及安全理事会的关系，可以将其作为监督这一汇编进程的候选部门。

同时，还可以利用这些风险指标为其他相关进程提供依据，如更新国家风险登记册，对全球减排目标进展进行定期国际盘点，每 5 年在 UNFCCC 提交更具魄力的 NDC。

# 5.6 结　语

本书根据《气候变化：风险评估》报告最初确定的 3 个领域，使用气候模型和公开资料来评估气候变化带来的风险。在研究中，我们发现气候变化带来的风险十分严重，并将日益威胁到国家和国际安全。在高排放路径中，直接风险和系统性风险尤为严重，特别是在可能发生的"最坏情况"下，或许会对人类产生深远的影响。

因此，迫在眉睫的是要在国家和国际层面上采取更加协调一致的行动来应对和防控这些风险。未来风险的规模取决于今天采取的减排行动和增强抗御能力的力度。我们不能简单地假设人类可以适应气候变化，事实上人类可以适应的气候范围十分有限，而且随着升温幅度的加大，更加极端的气候事件将会发生。

我们需要在应对气候变化方面开展很多工作。一是必须制定政策，增加低碳和零碳能源消耗，加快储能技术的开发和部署，提高能源效率，从而加速能源转型。二是要在研究、开发和示范新技术方面付出更大的努力，以推动重工业和运输等挑战性部门的脱碳进程。三是在土地利用部门，恢复可以增加碳汇的森林和湿地，同时需要努力减少农业的温室气体排放。四是应将气候变化纳入发展和经济规划的所有方面。此外，在政治层面，各国政府不仅要实施《巴黎协定》，还要有增加 NDC 的魄力，确保全球温室气体排放尽快达到峰值，并确保仍然能够实现《巴黎协定》的目标。

但这还不足以避免所有的气候风险。本书的分析表明，即使在符合《巴黎协定》目标的"远低于 2℃"的路径中，气候变化也会带来越来越严重的直接风险和系统性风险，特别是在"最坏情况"下。因此，在国家、区域和国际各层面上还需要努力增强适应和抗御能力。

当前，各国社会已经逐步认识到在减排和气候韧性方面进行投资不是负担，而是机遇，例如它可以创造新的产业、新的商业机会和新的就业机会，并带来许多协同效应，包括更清洁的空气和水，并且能够改善人们的健康、增强生活的安全性。

这样看来，我们是幸运的，因为我们仍有时间避免最严重的风险，并且可以从应对风险的行动中获益。